数学建模入门与提高

朱建新　编著

ZHEJIANG UNIVERSITY PRESS
浙江大学出版社
·杭州·

图书在版编目（CIP）数据

数学建模入门与提高 / 朱建新编著. —杭州：浙
江大学出版社，2023.8
ISBN 978-7-308-24118-2

Ⅰ. ①数… Ⅱ. ①朱… Ⅲ. ①数学模型－研究 Ⅳ.
①O141.4

中国国家版本馆 CIP 数据核字（2023）第 156003 号

数学建模入门与提高

朱建新　编著

责任编辑	徐素君
责任校对	傅百荣
封面设计	周　灵
出版发行	浙江大学出版社
	（杭州市天目山路 148 号　邮政编码 310007）
	（网址：http://www.zjupress.com）
排　　版	杭州好友排版工作室
印　　刷	杭州钱江彩色印务有限公司
开　　本	710mm×1000mm　1/16
印　　张	13.75
字　　数	247 千
版 印 次	2023 年 8 月第 1 版　2023 年 8 月第 1 次印刷
书　　号	ISBN 978-7-308-24118-2
定　　价	55.00 元

暨南大学本科教材资助项目（普通教材资助项目）

内容简介

本书介绍了常用的数学建模方法和建模的基本技巧,主要内容包括数学模型的概念、初等模型、微分方程模型、层次分析法、离散模型、聚类分析、对策模型、稳定性分析、最小覆盖模型、一般优化模型、数学建模—实例,并在附录中分别给出了美国和中国大学生数学建模竞赛的优秀论文(本书作者指导,获竞赛最高奖)。

本书不仅可作为高等学校本科各专业的数学模型或数学建模课程的教材,也可供数学建模竞赛培训人员和工程技术人员参考。

前　言

　　根据二十大精神与课政思政要求,高校要为全面建设社会主义现代化国家提供基础性、战略性的教育和人才支撑。本书是为高等院校本科生学习数学模型课程而编著的,着重介绍为解决科学与工程中遇到的问题而常使用的数学建模方法以及相关的基本概念与理论。

　　本书是在作者多年讲授数学模型(数学建模)课程的基础上编著而成的(1992—2016 年在浙江大学讲授"数学建模"课程,2017—2022 年在暨南大学讲授"数学模型"课程)。考虑到大部分读者是大学二年级的学生,为了便于教学与阅读,在编著此书时,力求做到叙述简明准确、通俗易懂,内容安排由浅入深、学用一致,对主要模型给出了详细的建模过程,并给出了例子加以说明;为了提高读者使用所学方法进行数学建模的能力,在部分章节后面给出了课后练习题。为了帮助读者了解美国和中国大学生数学建模竞赛的论文撰写,在附录中给出了本书作者指导学生参加 2014 年美国大学生数学建模竞赛提交的全真优秀论文(同获特等奖和 SIAM 奖)和参加 2020 年全国大学生数学建模竞赛提交的全真优秀论文(获全国一等奖)。因此,本书的适用面较广,不仅可作高等院校本科各专业数学模型课程的教材,也可作为其他学校学习本课程的专业和工程技术人员教学与进修的参考书。

　　在学习本课程前应先修高等数学和线性代数课程。讲授本书全部内容(带 ＊ 部分除外)约需 36 学时,可配一定数量的上机练习学时用于模型计算。

　　鉴于作者的知识、能力和实践经验有限,书中难免有不妥之处,敬请读者指正,以利于作进一步修订。

编著者

2023 年 7 月

目　　录

第1章　数学模型的概念

本章从下面三个方面简单介绍数学模型的基本概念:(1)揭示数学模型与现实世界的关系;(2)举例说明怎样建立数学模型;(3)给出数学模型的常见分类。

§1.1　数学模型的定义和建模举例

我们引用著名的学者 E. A. Bender 教授对数学模型的提法给出定义:数学模型是"关于部分现实世界为一定目的而作的抽象、简化的数学结构"。总之,数学模型是一种抽象的模拟,它用数学符号、数学式子、程序、图形等刻画客观事物的本质属性与内在联系,是现实世界的简化而又本质的描述。

下面我们用一个实例说明数学建模的过程和数学模型的重要性。

例 1-1　用开普勒三定律和牛顿第二定律推导万有引力定律(牛顿在力学上的重要贡献之一)。

(一)开普勒三定律就是:

(1)行星轨道是一个椭圆,太阳位于此椭圆的一个焦点上;

(2)行星在单位时间内扫过的面积不变;

(3)行星运动周期的平方正比于椭圆长轴的三次方,比例系数不随行星而改变。

(二)牛顿第二定律:太阳和行星间的作用力的方向与加速度的方向一致,其大小与加速度的大小成正比。

(三)万有引力定律:太阳与行星间作用力的方向是太阳和行星连线的方向,指向太阳;其大小与太阳—行星间距离的平方成反比,比例系数是绝对常数。

设椭圆的右焦点为 O,记 P 为行星在椭圆上的点、θ 为 x 轴正向与直线 OP 的夹角、r 为 OP 的长度、$\vec{r}$ 为 $\overrightarrow{OP}$、$\vec{f}$ 为太阳和行星间的作用力、$\dot{r}$ 为 r 关于

时间 t 的一阶导数(速度的大小)、$\ddot{r}$ 为 r 关于时间 t 的二阶导数(加速度的大小),则据(一)和(二)得:$A = \frac{1}{2} \cdot r\dot{\theta} \cdot r = \frac{1}{2} r^2 \dot{\theta}$,其中 A 为行星在单位时间内扫过的面积(常数),又 $\dot{\theta} = \dfrac{\mathrm{d}\theta}{\mathrm{d}t}$。

引入单位向量:$\begin{cases} \vec{u_r} = \cos\theta \, \vec{i} + \sin\theta \, \vec{j} \\ \vec{u_\theta} = -\sin\theta \, \vec{i} + \cos\theta \, \vec{j} \end{cases}$,得 $\vec{r} = r \cdot \vec{u_r}$。

考虑到 $\quad \vec{u_r}' = -\sin\theta \cdot \dot{\theta} \cdot \vec{i} + \cos\theta \cdot \dot{\theta} \cdot \vec{j} = \dot{\theta} \cdot \vec{u_\theta}$,

$\vec{u_\theta}' = -\cos\theta \cdot \dot{\theta} \cdot \vec{i} - \sin\theta \cdot \dot{\theta} \cdot \vec{j} = -\dot{\theta} \cdot \vec{u_r}$,

而行星运动的速度和加速度

$$\vec{r}' = \dot{r} \cdot \vec{u_r} + r \cdot \vec{u_r}' = \dot{r} \cdot \vec{u_r} + r \cdot \dot{\theta} \cdot \vec{u_\theta},$$

$$\vec{r}'' = (\ddot{r} - r\dot{\theta}^2) \cdot \vec{u_r} + (r\ddot{\theta} + 2\dot{r}\dot{\theta}) \cdot \vec{u_\theta}。$$

又因为 $\dot{\theta} = \dfrac{2A}{r^2}$ 和 $\ddot{\theta} = \dfrac{-4A\dot{r}}{r^3}$,推出 $r \cdot \ddot{\theta} + 2\dot{r}\dot{\theta} = 0$。

从而 $\quad \vec{r}'' = (\ddot{r} - r\dot{\theta}^2) \cdot \vec{u_r}$,这说明 $\quad \vec{r}'' // \vec{r}$ 。

另一方面,将椭圆方程改写成:

$$\begin{cases} r = \dfrac{p}{1 + e\sin\theta} \\ p = a(1 - e^2), \ b^2 = a^2(1 - e^2) \end{cases},$$

其中 a, b 分别为椭圆的两个半轴长度,e 为离心率。

据

$$\dot{r} = \frac{pe\sin\theta}{(1 + e\cos\theta)^2}\dot{\theta} = \left(\frac{p}{1 + e\cos\theta}\right)^2 \dot{\theta} \cdot \frac{e}{p}\sin\theta$$

$$= r^2 \cdot \dot{\theta} \cdot \frac{e}{p}\sin\theta = \frac{2A}{\dot{\theta}}\frac{e}{p}\sin\theta = \frac{2Ae}{p}\sin\theta,$$

$$\ddot{r} = \frac{2Ae}{p}\dot{\theta} \cdot \cos\theta = 2A\dot{\theta}\left(\frac{1 + e\cos\theta}{p}\right) - \frac{2A\dot{\theta}}{p} = \frac{2A\dot{\theta}}{pr}(p - r),$$

再将 $\dot{\theta}$ 用 $\dot{\theta} = \dfrac{2A}{r^2}$ 替换,得 $\ddot{r} = \dfrac{2A}{pr} \cdot \dfrac{2A}{r^2} \cdot (p - r) = \dfrac{(2A)^2}{pr^3}(p - r)$;

计算 $\ddot{r} - r\dot{\theta}^2 = \dfrac{(2A)^2}{pr^3}(p - r) - r\left(\dfrac{2A}{r^2}\right)^2$

$$= \frac{(2A)^2}{r^3} - \frac{(2A)^2}{pr^2} - \frac{(2A)^2}{r^3} = -\frac{(2A)^2}{pr^2},$$

得到　　$\ddot{\vec{r}} = -\dfrac{(2A)^2}{pr^2} \cdot \vec{u}_r$,　由此可知作用力与 r^2 成反比。

最后证明 $\dfrac{(2A)^2}{p}$ 与任一颗行星无关,是绝对常数。

据(一)中(2)记行星运行周期为 T,则 $T \cdot A = a \cdot b \cdot \pi$;又据(一)中(3) $T^2 = K \cdot a^3$,其中 K 是绝对常数。

考察 $\dfrac{A^2}{p} = \dfrac{\left(\dfrac{ab\pi}{T}\right)^2}{p} = \dfrac{(ab\pi)^2}{K \cdot a^3 \cdot p} = \dfrac{a^2 b^2 \pi^2}{Ka^3 \cdot a \cdot \dfrac{b^2}{a^2}} = \dfrac{\pi^2}{K}$,此数是一个绝对

常数。

综上,万有引力定律得证。

§1.2　建模的步骤和能力的培养

数学建模的一般步骤如下:(1)模型准备;(2)模型假设;(3)模型建立;(4)模型求解;(5)模型分析;(6)模型检验(若模型不合理,则转(2),调整假设);(7)模型应用。

观察力和想象力的培养

例 1-2　某人平时下班总是乘坐下午 5:30 分的火车回家。他的儿子准时在车站接他。有一天,此人乘 5:00 的火车回去,提前半小时下车然后步行回家。路上,他遇到了开汽车来接他的儿子,因此比平时早 10 分钟到家。问:此人一共步行了多少时间?

解　假设火车和汽车的速度不变,且此人走路的速度也不变;又设 z 为火车到站的时间;t 为汽车的耗时(汽车从火车站开到家里);x 为此人步行的时间(此人从火车站走到乘汽车点);u 为此人到家的时间。则有

$$\begin{cases} z + t = u, \\ z - 30 + x + t - 5 = u - 10; \end{cases}$$

不难推出,$x = 25$(分钟);即此人一共步行了 25 分钟。

§1.3 模型分类

数学模型按照不同的侧重面进行分类

1. **按认识程度**

(1)白箱(如力学、电路理论,研究对象的优化设计和控制问题);

(2)灰箱(化工、水文、地质、交通、经济,尚不完全清楚);

(3)黑箱(生态、生理、医学、社会等领域中一些机理(指数量关系方面)更不清楚的现象)。

2. **按照变量的情况**

(1)离散和连续;

(2)确定和随机;

(3)线性和非线性;

(4)单变量和多变量。

3. **按照时间变化对模型的影响**

(1)静态和动态;

(2)参数定常和参数时变。

4. **按照精密程度**

(1)集中参数——系统的输入能立刻到达系统内各点(常微分方程);

(2)分布参数——系统的输入要经过一段时间才能传播到系统内各点(偏微分方程)。

5. **按照研究方法和对象的数学方法特征**

(1)初等模型;

(2)优化模型;

(3)逻辑模型;

(4)稳定性模型;

(5)扩散模型。

6. **按照研究对象的实际领域**

(1)人口模型;

(2)交通模型;

(3)生态模型;

(4)生理模型；

(5)经济模型；

(6)社会模型。

第 2 章　初等模型

本章通过一些具体的例子来说明实际问题如何用数学的方法建立数学模型。

§2.1　稳定的椅子

例 2-1　请建一数学模型,说明椅子(或方桌)在地面上一定能放平稳。

解　假设:(1)椅子(或方桌)的四条腿一样长,四脚的连线成正方形;(2)地面是数学上的连续曲面。

设 A、B、C、D 为正方形的四个角,按逆时针排列。记 A、C 两脚与地面的距离之和为 $g(\theta)$,B、D 两脚与地面的距离之和为 $f(\theta)$,其中 θ 表示椅子的转动角。

不妨设 $g(0)=0$。我们注意到,椅子在任何位置,总有三只脚可以着地,即对任意 θ,$f(\theta)$ 和 $g(\theta)$ 中总有一个为零,则稳定的椅子可归结为下面的数学问题。

假设 $f(\theta)$ 和 $g(\theta)$ 是 θ 的连续函数,$g(0)=0$,$f(0)>0$,且对任意 θ,有 $f(\theta) \cdot g(\theta)=0$。求证:存在 θ_0,使 $f(\theta_0)=g(\theta_0)=0$。

(数学证明) 将椅子转动 $90°$,对角线互换,由 $g(0)=0$ 和 $f(0)>0$,可得

$$f\left(\frac{\pi}{2}\right)=0 \text{ 和 } g\left(\frac{\pi}{2}\right)>0。$$

令 $h(\theta)=f(\theta)-g(\theta)$,则 $h(0)>0$,$h\left(\frac{\pi}{2}\right)<0$;因 $h(\theta)$ 是连续函数,所以存在 $\theta_0 \in \left(0, \frac{\pi}{2}\right)$,使得 $h(\theta_0)=0$,即 $f(\theta_0)=g(\theta_0)$,又因 $f(\theta_0) \cdot g(\theta_0)=0$,所以 $f(\theta_0)=g(\theta_0)=0$。

课后练习题:将椅子(或桌子)假设为长方形,其他条件不变,此时能否将椅子放平?请建立数学模型论证之。

§2.2　核竞争模型

例 2-2(定性模型)　甲、乙两国家都感到需要持有某一最少数量的核弹头,在遭到对方突然袭击后,保持能有足够数量的弹头幸存下来,以便给进攻者以报复性的"致命打击"。请分析甲、乙两国家安全区的存在性。

解　现假设甲、乙双方拥有的核弹头数分别为 x 和 y,不妨设 x 和 y 为实数。同时,为了能给对方以"致命打击",设甲、乙双方分别认为自己至少应保留下 x_0 和 y_0 个弹头。另外假设所有弹头在进攻时具有同等的威力,在对方袭击时,也有相同的幸存率。

显然

$$甲方:x \geqslant f(y), \qquad 其中 f 为单调增加函数;$$
同理　　$$乙方:y \geqslant g(x), \qquad 其中 g 为单调增加函数。$$

我们在一次打击不可能毁灭对方所有弹头的假设下,可以证明稳定区域必定存在。

只需证明对任意 r,直线 $y=rx$ 既与 $x=f(y)$ 相交,又与 $y=g(x)$ 相交。

先证明 $y=rx$ 必与 $x=f(y)$ 相交而进入甲方安全区($r>0$)。事实上,无论 r 多么大,($y=rx$ 的意义即乙方弹头数为甲方的 r 倍)。由于乙方的打击不可能摧毁甲方的所有弹头,可设甲方每枚弹头的幸存率 $p(r)$ 总是大零的,推出甲方只需不少于 $x_r=\min\{x \mid xp(r) \geqslant x_0\}$ 存在,即可认为自己是安全的,故 $y=rx$ 必与 $x=f(y)$ 相交而进入甲方的安全区,同理,$y=rx$ 也与 $y=g(x)$ 相交而进入乙方的安全区。

从而甲、乙两国家存在安全区。

课后练习题:(1)若提高 x_0 或 y_0,则甲乙双方的安全区会如何改变?
(2)若提高每枚弹头的幸存率 $p(r)$,则甲乙双方的安全区又会如何改变?

§2.3　量纲分析

表示不同物理特性的量,人们称之为"量纲",常常记为[·],其中基本量纲通常是质量(M)、长度(L)和时间(T),其余物理量的量纲可以用基本量纲来表示。如速度的量纲是 LT^{-1}，加速度的量纲是 LT^{-2}，从而力的量纲是 MLT^{-2}。

下面给出量纲分析和量纲齐次的定义。

量纲分析：当度量量纲的基本单位改变时，物理公式本身并不改变，因此等号的两端必须保持量纲一致，同时要求两端量纲的单位也保持一致。

量纲齐次：当方程的各项具有相同量纲时，这个方程被称为是"量纲齐次"的。物理定律中出现的各项必须具有相同的量纲。

例 2-3　万有引力定律中出现的量纲量有：引力系数 G，两个相互吸引的物体质量 m_1，m_2，两个物体之间的距离 r 和引力 F。

构造无量纲量 π：$\pi = G^a m_1^b m_2^c r^d F^e$；

经分析计算得到 π 的量纲为：

$$(M^{-1}L^3T^{-2})^a M^b M^c L^d (MLT^{-2})^e = M^{b+c+e-a} L^{3a+d+e} T^{-2(a+e)}；$$

欲使 π 为无量纲量，则须 $\begin{cases} b+c+e-a=0 \\ 3a+d+e=0 \\ a+e=0 \end{cases}$，

即

$$\begin{bmatrix} -1 & 1 & 1 & 0 & 1 \\ 3 & 0 & 0 & 1 & 1 \\ 1 & 0 & 0 & 0 & 1 \end{bmatrix} \begin{bmatrix} a \\ b \\ c \\ d \\ e \end{bmatrix} = 0。 \tag{2.1}$$

由于系数矩阵为行满秩矩阵（秩 $r=3$），所以解空间为二维。

取 $\begin{bmatrix} a \\ b \end{bmatrix} = \begin{bmatrix} 1 \\ 0 \end{bmatrix} \Rightarrow \boldsymbol{\xi}_1 = [a \quad b \quad c \quad d \quad e]^T = [1 \quad 0 \quad 2 \quad -2 \quad -1]^T$；

取 $\begin{bmatrix} a \\ b \end{bmatrix} = \begin{bmatrix} 0 \\ 1 \end{bmatrix} \Rightarrow \boldsymbol{\xi}_2 = [a \quad b \quad c \quad d \quad e]^T = [0 \quad 1 \quad -1 \quad 0 \quad 0]^T$；

得到

$$\pi_1 = \frac{Gm_2^2}{r^2 F}, \qquad \pi_2 = \frac{m_1}{m_2}。$$

由于(2.1)式的任一解均可用基 $\boldsymbol{\xi}_1$，$\boldsymbol{\xi}_2$ 线性表示，而 G, m_1, m_2, r 和 F 的一切无量纲乘积均可用 π_1 与 π_2 的乘积和商来表示。

显然，万有引力定律可表示成 $\pi_1\pi_2 - 1 = 0$。它为下面的定理提供了一

特例。

下面我们用一个定理揭示这些独立的无量纲量之间存在的联系。

定理(Buckingham Ⅱ 定理)：方程当且仅当可以表示成 $f(\pi_1,\pi_2,\cdots)=0$ 时，它才是量纲齐次的，其中 f 是某一函数，$\pi_1,\pi_2,\cdots$ 为问题包含的变量与常数的无量纲量。

例 2-4(理想单摆周期)　考察一个质量集中于距离支点为 l 的质点上的无阻尼单摆，其运动为某周期 t 的左右摆动。试分析 t 与其他变量之间的关系。

解　该问题包含的量有：周期 t，单摆的质量 m，重力加速度 g，单摆的长度 l 和摆动的幅角 θ；相应的量纲分别为 T，M，LT^{-2}，L 和无量纲(注：θ 为无量纲的量)。

构造无量纲量 $\pi=m^a g^b t^c l^d \theta^e$，其量纲为 $M^a L^{b+d} T^{c-2b}$，e 可任取；

欲使 π 为无量纲的量，令

$$\begin{cases}a=0\\b+d=0\\c-2b=0\end{cases}, \qquad \begin{bmatrix}1&0&0&0\\0&1&0&1\\0&-2&1&0\end{bmatrix}\begin{bmatrix}a\\b\\c\\d\end{bmatrix}=0,$$

取　　$\begin{bmatrix}b\\e\end{bmatrix}=\begin{bmatrix}1\\0\end{bmatrix}\Rightarrow \xi_1 \begin{bmatrix}a&b&c&d&e\end{bmatrix}^T=\begin{bmatrix}0&1&2&-1&0\end{bmatrix}^T;$

取　　$\begin{bmatrix}b\\e\end{bmatrix}=\begin{bmatrix}0\\1\end{bmatrix}\Rightarrow \xi_2=\begin{bmatrix}a&b&c&d&e\end{bmatrix}^T=\begin{bmatrix}0&0&0&0&1\end{bmatrix}^T;$

得到

$$\pi_1=\frac{gt^2}{l}, \qquad \pi_2=\theta。$$

由 Ⅱ 定理，存在 f，使 $f(\pi_1,\pi_2)=0$，或 $\pi_1=h(\pi_2)$，即 $\frac{gt^2}{l}=h(\theta)$，

推出　　$t=\sqrt{h(\theta)}\sqrt{\dfrac{l}{g}}\xrightarrow{\text{可写作}}k(\theta)\sqrt{\dfrac{l}{g}}。$

可以证明，当 θ 很小时，$k(\theta)\approx 2\pi$，即 $t=2\pi\sqrt{\dfrac{l}{g}}$。

量纲分析的一般步骤如下：

Ⅰ. 将与问题有关的有量纲的物理量(变量和常数)记作 $x_1,x_2,\cdots,x_n$。按照物理意义确定这个问题的基本量纲，记作 $[X_1],[X_2],\cdots,[X_m]$。

Ⅱ. 记 $\prod_{i=1}^{n} x_i^{\alpha_i} = \pi$，这是物理量之间的关系式，其中 α_i 待定，π 为无量纲量，将 x_i 的量纲用基本量纲表示为：

$$[x_i] = \prod_{j=1}^{m} [X_j]^{\beta_{ij}} \quad (i = 1, 2, \cdots, n), \qquad (2.2)$$

然后利用已有的物理知识定出 β_{ij}。

Ⅲ. 利用(2.2)式得到 Ⅱ 式的量纲表达式：

$$\prod_{i=1}^{n} \left(\prod_{j=1}^{m} [X_j]^{\beta_{ij}} \right)^{\alpha_i} = [\pi],$$

即

$$\prod_{j=1}^{m} \left(\prod_{i=1}^{n} [X_j]^{\beta_{ij} \cdot \alpha_i} \right) = [\pi],$$

推出 $\quad \prod_{j=1}^{m} [X_j]^{\sum_{i=1}^{n} \beta_{ij} \cdot \alpha_i} = [\pi] = \prod_{j=1}^{m} [X_j]^{0}$。

Ⅳ. 解线性方程组：

$$\sum_{i=1}^{n} \beta_{ij} \alpha_i = 0 \quad (j = 1, 2, \cdots, m);$$

即

$$\begin{bmatrix} \beta_{11} & \beta_{21} & \cdots & \beta_{n1} \\ \beta_{12} & \beta_{22} & \cdots & \beta_{n2} \\ \vdots & \vdots & \vdots & \vdots \\ \beta_{1m} & \beta_{2m} & \cdots & \beta_{nm} \end{bmatrix} \begin{bmatrix} \alpha_1 \\ \alpha_2 \\ \vdots \\ \alpha_n \end{bmatrix} = 0;$$

若方程组的秩为 r，则有 $n-r$ 个基本解，记作

$$\alpha^{(s)} = [\alpha_1^{(s)} \quad \alpha_2^{(s)} \quad \cdots \quad \alpha_n^{(s)}]^{\mathrm{T}}, \quad (s = 1, 2, \cdots, n-r);$$

于是得到 $x_1, x_2, \cdots, x_n$ 之间的 $n-r$ 个关系式：

$$\prod_{i=1}^{n} [X_i]^{\alpha_i^{(s)}} = \pi_s, \quad (s = 1, 2, \cdots, n-r),$$

其中 π_s 是无量纲的量。

课后练习题：(非理想单摆的周期)若单摆周期问题考虑空气的阻力，假定阻力与运动速度成正比，则周期如何表示？

§2.4 比例方法

例 2-5 用四足动物的身材估计动物的重量。**问题**：四足动物的躯干(不

包括头、尾)的长度和它的重量有什么关系?

解　此问题具有实际意义,比如,一个在生猪收购站或屠宰场工作的人,往往希望能根据生猪的身长估计它的重量。

假设我们仅考虑四足动物的躯干(将头、尾、脚忽略不计),并将躯干看作是一个圆柱体,设躯干的长为 l、质量为 m、重量为 f、截面直径为 d、截面面积为 s 和下垂度为 δ。

根据弹性理论知:$\delta \propto \dfrac{fl^3}{sd^2}$,此处符号"$\propto$"代表"正比于";又因为 $f \propto m$,

$m \propto sl \Rightarrow \delta \propto \dfrac{l^4}{d^2} \Rightarrow \dfrac{\delta}{l} \propto \dfrac{l^3}{d^2}$,此处 $\dfrac{\delta}{l}$ 代表动物的相对下垂度,随着动物的不断进化,导致

$$\frac{\delta}{l} \to 常数。$$

因为　　　　　　　　　　　　$l^3 \propto d^2$,又　$f \propto sl$,$s \propto d^2$,

所以　　　　　　　　　　　　$f \propto l^4 \Rightarrow f = kl^4$。

最后由统计数据定出 k,即得 f 与 l 之间的关系式。

例 2-6　雨中行走问题:人走多快才能少淋雨呢?

解　假设人以直线均速行走,用 $(u,0,0)$ 表示人的速度,(v_x, v_y, v_z) 表示雨速,l 表示行走的距离,则行走的时间为 l/u。又假设人体为长方体,则前、侧、顶的面积之比为 $1:L:T$,则单位时间淋雨量可表示为:

$$(|u-v_x|,|0-v_y|,|0-v_z|) \cdot (1,L,T) = |u-v_x| + |v_y| \cdot L + |v_z| \cdot T;$$

总淋雨量为:

$$R(u) = \frac{l}{u}(|u-v_x|+a), \quad 其中 \quad a = |v_y| \cdot L + |v_z| \cdot T > 0。$$

数学问题:已知 l,v_x,a,求 u 为何值时,$R(u)$ 达到最小?

分两种情况讨论:

(1)　当 $v_x > 0$ 时,

$$R(u) = \begin{cases} \dfrac{l}{u}(v_x - u + a) = \dfrac{l(v_x + a)}{u} - l, & (u \leqslant v_x) \\[3mm] \dfrac{l}{u}(u - v_x + a) = \dfrac{l(a - v_x)}{u} + l, & (u > v_x) \end{cases};$$

当 $v_x > a$ 时,推出取 $u = v_x$ 使 $R(u)$ 取最小值,所以 $R_{min} = \dfrac{la}{v_x}$;

当 $v_x < a$ 时,　无最值。

（2）当 $v_x \leqslant 0$ 时，

$$R(u) = \frac{l}{u}(u + |v_x| + a) = \frac{l}{u}(a + |v_x|) + l, \qquad 无最值。$$

特别当 $v_x = a, R(u) = \begin{cases} \dfrac{2al}{u} - l, & (u \leqslant a) \\ l, & (u > a) \end{cases}$，此时当 $u \geqslant a$ 时，$R(u)$ 达到最小值 l。

结论 1：仅当 $v_x \geqslant a > 0$ 时，应取 $u = v_x$ 可以使前后不淋雨，则淋雨量达到最小，其他情况下都应使 u 尽可能地大。

课后练习题：若上述问题中将人形看作是圆柱体，人走的速度将如何改变？

§2.5　最短路径与最速方案的初步介绍

例 2-7（最短路径问题）：今有一个半径为 1 公里的圆形湖，湖心在连接 A，B 两点的线段上。有一个步行者想从 A 处步行到 B 处去，除不能涉水过湖外，他不受其他限制，问怎样的路径对他来说是最近的？

解

假设：路径是空间中的连续曲线。

猜测：过 A 作圆的切线 AE，切圆于 E 点，过 B 作圆的切线 BF，切圆于 F 点。最短路径为由曲线 AE、弧 EF 和线段 FB 组成的连续曲线（隐含着平面中两点间的最短路径为连接两点的线段）。

现证之：不妨设此人从湖的"上"方通过而到达 B 处，显然，由射线 EA，弧 EF 和射线 FB 围成的平面区域是平面中的凸集，不难得到，最短路径不能经过此凸集外的任意一点。否则，设其过凸集外的某点 M，则由分离定理，必存在一直线 H，将 M 与凸集严格分离开来。

由于路径是连续曲线，故必在路径中有一段包含 M 的弧 $M_1 M M_2$ 与凸集分离。这样，弧 $M_1 M_2$ 比弧 $M_1 M M_2$ 短，从而证得 AE，弧 EF，FB 为最短路线。

结论 2：若可行区域的边界是光滑曲面，则最短路径必由下列弧组成：（1）空间中的自然最短曲线，或者（2）可行区域的边界弧。而且组成最短路径的各段弧在连接点处必定相切。

下面例 2-8 是此结论的一个应用。

例 2-8 一辆汽车停于 A 处并垂直于 AB 方向,此汽车可转的最小圆半径为 R,求不倒车而由 A 到 B 的最短路。

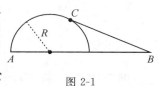

图 2-1

解 (**情况 1**)若 $|AB| > 2R$,最短路线由弧 AC 和切线 BC 组成(见图 2-1)。

(**情况 2**)若 $|AB| \leqslant 2R$,则最短路线必居于图 2-2(a)、(b)两曲线之中。可以证明,(b)中的曲线弧 ACB 更短。

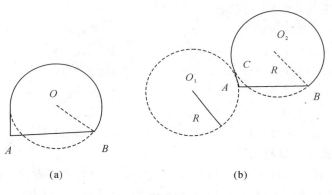

(a)   (b)

图 2-2

例 2-9(最速方案问题) 将一辆急待修理的汽车由静止开始沿一直线方向推至相隔 s 米的修理处,设阻力不计,推车人能使车得到的推力 f 满足 $-f_1 \leqslant f \leqslant f_2$,其中 $f > 0$ 为推力,$f < 0$ 为拉力。问怎样推车可使车最快停于修车处?

解 分析:**不易直接控制位移或速度,但可以控制加速度。**设该车的运动速率为 $v = v(t)$,由题意可知,$v(0) = v(T) = 0$,其中 T 表示推车所耗的时间;从而可推出

$$\frac{-f_1}{m} \leqslant a \leqslant \frac{f_2}{m}。$$

最速方案(已证明)为:以最大推力将车推到某处,然后以最大力拉之,使之恰好停于修车处,其中转换点可计算求出。该处理方法可应用于流水线上机械臂控制的优化设计。

课后练习题:试求出例 2-9 中的转换点。

§2.6　状态转移问题

例 2-10　人、狗、鸡、米均要过河,船需要人划,另外,至多还能载一物,而当人不在时,狗要吃鸡,鸡要吃米,问人、狗、鸡、米怎样过河?

解　设过河状态为 1,未过为 0。

(解法 1)穷举法:

(1)以下为 10 个允许状态:

人在此岸	人在对岸
(1,1,1,1)	(0,0,0,0)
(1,1,1,0)	(0,0,0,1)
(1,1,0,1)	(0,0,1,0)
(1,0,1,1)	(0,1,0,0)
(1,0,1,0)	(0,1,0,1)

(2)构造 4 个运算向量:

(1,0,1,0),(1,1,0,0),(1,0,0,1),(1,0,0,0);此处 1 表示一物在船上。

研究从开始状态(1,1,1,1)如何经奇数次运算到达最终状态(0,0,0,0)。

定义加法:
$$\begin{cases} 0+0=0 \\ 1+0=0+1=1, \\ 1+1=0 \end{cases}$$
则有如下运算结果:

$$(1,1,1,1)+\begin{cases}(1,0,1,0)\\(1,1,0,0)\\(1,0,0,1)\\(1,0,0,0)\end{cases}\rightarrow\begin{cases}(0,1,0,1)\\(0,0,1,1)\quad\times\\(0,1,1,0)\quad\times\\(0,1,1,1)\quad\times\end{cases};$$

$$(0,1,0,1)+\begin{cases}(1,0,1,0)\\(1,1,0,0)\\(1,0,0,1)\\(1,0,0,0)\end{cases}\rightarrow\begin{cases}(1,1,1,1)\quad\times\\(1,0,0,1)\quad\times\\(1,1,0,0)\quad\times\\(1,1,0,1)\end{cases};$$

$$(1,1,0,1)+\begin{cases}(1,0,1,0)\\(1,1,0,0)\\(1,0,0,1)\\(1,0,0,0)\end{cases}\rightarrow\begin{cases}(0,1,1,1)\quad\times\\(0,0,0,1)\\(0,1,0,0)\\(0,1,0,1)\end{cases};$$

......

上面过程可用计算机进行计算;若程序编制得不够完善的话,可能会使得状态出现重复,难以到达(0,0,0,0)状态。

(解法 2)图论方法:

依据

$$(1)\quad(1,1,1,1)+\begin{cases}(1,0,1,0)\\(1,1,0,0)\\(1,0,0,1)\\(1,0,0,0)\end{cases}\rightarrow\begin{cases}(0,1,0,1)\\(0,0,1,1)\quad\times\\(0,1,1,0)\quad\times\\(0,1,1,1)\quad\times\end{cases};$$

$$(2)\quad(1,1,1,0)+\begin{cases}(1,0,1,0)\\(1,1,0,0)\\(1,0,0,1)\\(1,0,0,0)\end{cases}\rightarrow\begin{cases}(0,1,0,0)\\(0,0,1,0)\\(0,1,1,1)\quad\times\\(0,1,1,0)\quad\times\end{cases};$$

$$(3)\quad(1,1,0,1)+\begin{cases}(1,0,1,0)\\(1,1,0,0)\\(1,0,0,1)\\(1,0,0,0)\end{cases}\rightarrow\begin{cases}(0,1,1,1)\quad\times\\(0,0,0,1)\\(0,1,0,0)\\(0,1,0,1)\end{cases};$$

$$(4)\quad(1,0,1,1)+\begin{cases}(1,0,1,0)\\(1,1,0,0)\\(1,0,0,1)\\(1,0,0,0)\end{cases}\rightarrow\begin{cases}(0,0,0,1)\\(0,1,1,1)\quad\times\\(0,0,1,0)\\(0,0,1,1)\quad\times\end{cases};$$

$$(5)\quad(1,0,1,0)+\begin{cases}(1,0,1,0)\\(1,1,0,0)\\(1,0,0,1)\\(1,0,0,0)\end{cases}\rightarrow\begin{cases}(0,0,0,0)\\(0,1,1,0)\quad\times\\(0,0,1,1)\quad\times\\(0,0,1,0)\end{cases}。$$

据上面关系,得到如下对应关系图 2.3。

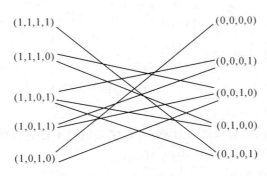

图 2.3　允许状态的对应关系

由上面联系,可以得到下面的连通图 2.4。

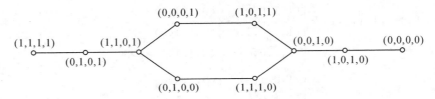

图 2.4　允许状态组成的连通图

从上面的连通图可以得到两条连通路:

一条是$(1,1,1,1)\rightarrow(0,1,0,1)\rightarrow(1,1,0,1)\rightarrow(0,0,0,1)\rightarrow(1,0,1,1)\rightarrow$ $(0,0,1,0)\rightarrow(1,0,1,0)\rightarrow(0,0,0,0)$;

另一条是$(1,1,1,1)\rightarrow(0,1,0,1)\rightarrow(1,1,0,1)\rightarrow(0,1,0,0)\rightarrow(1,1,1,0)$ $\rightarrow(0,0,1,0)\rightarrow(1,0,1,0)\rightarrow(0,0,0,0)$。

例 2-11(夫妻过河问题)　有三对夫妻要过河,船最多能载两人,由于封建意识严重,要求任一女子不能在丈夫不在场的情况下与另外的男子在一起。如何安排三对夫妻过河?(阿拉伯早期的一道趣味数学题)

解

(1)把问题化为状态转移问题:

用向量(H,W)表示有 H 个男子,W 个女子在南岸,其中$0\leqslant H,W\leqslant 3$,共有 10 个可取状态:$(0,0)$、$(0,1)$、$(0,2)$、$(0,3)$、$(3,0)$、$(3,1)$、$(3,2)$、$(3,3)$、$(1,1)$和$(2,2)$。

运算向量为$((-1)^{j}m,(-1)^{j}n)$,其中 $m,n=0,1,2$ 且 $1\leqslant m+n\leqslant 2$,$j=1,2,3,\cdots$

16

在以上假设下,问题可转化为:

求由状态(3,3)经奇数次可取运算转移到(0,0)的转移过程。

步骤如下:

$j=1$

$$(3,3)+\begin{cases} ((-1)^1 \cdot 0,(-1)^1 \cdot 1) \\ ((-1)^1 \cdot 0,(-1)^1 \cdot 2) \\ ((-1)^1 \cdot 1,(-1)^1 \cdot 1) \\ ((-1)^1 \cdot 1,(-1)^1 \cdot 0) \\ ((-1)^1 \cdot 2,(-1)^1 \cdot 0) \end{cases} \rightarrow \begin{cases} (3,2) \\ (3,1) \\ (2,2) \\ (2,3) \quad \times \\ (1,3) \quad \times \end{cases} \quad \cdots\cdots$$

处理方法与例 2-10 穷举法类似,若程序编制得不够完善的话,可能会使得状态出现重复,难以到达(0,0)状态。

(2)用图解法

设定运动规则为:

①第奇数次需向左或下运动 1~2 格;

②第偶数次需向右或上运动 1~2 格;

③每次运动必须落在可取状态,即点"○"上。

得到的具体路径见图 2.5。

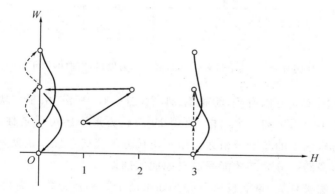

图 2.5　过河状态转化过程,其中实线表示奇数次运动,
虚线代表偶数次运动

课后练习题:有三名商人各带一名仆人,现需过河,小船过河能载三人,商人已获悉仆人的阴谋,即在河的任一岸,只要仆人数超过商人数,仆人会将商

人杀死并窃取货物。安排如何乘船的权力掌握在商人手中,试为商人制定一个安全过河方案。

§2.7　铺瓷砖问题

例 2-12　要用 40 块正方形瓷砖铺设如图 2.6 所示图形的地面,但当时商店只有长方形瓷砖,每块大小等于正方形的两块。一人买了 20 块长方形瓷砖,试试看铺地面,结果弄来弄去始终无法完整铺好。请用初等方法分析此现象。

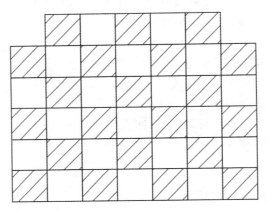

图 2.6　地砖分布图,其中带有阴影的格子称为黑格,空白的格子称为白格

解　从图 2.6 可以看到,黑格有 21 个,白格有 19 格;由于一块长方形瓷砖可以盖住 1 个黑格和 1 个白格,故用 19 块长方形瓷砖可以盖住 19 个黑格和 19 个白格,剩下的 2 个黑格无法用一块长方形瓷砖盖住。也就是说只有将一块长方形瓷砖一分为二才能完成对地面的铺设。

这种方法被称为"奇偶校验",即是如果两个数都是奇数或偶数,则称具有相同的奇偶性。如果一个数是奇数,另一个数是偶数,则称具有相反的奇偶性。

在铺瓷砖问题中,同色的两个格子具有相同的奇偶性,异色的两个格子具有相反的奇偶性。长方形瓷砖显然只能覆盖具有相反奇偶性的一对方格。因此 19 块长方形瓷砖在地面上铺好后,只有在剩下的两个方格具有相反的奇偶性时,才有可能把最后一块长方形瓷砖铺上。由于剩下的两个方格具有相同的奇偶性,因此无法铺上最后一块长方形瓷砖,这就从理论上证明了用 20 块长方形瓷砖铺好图 2.6 所示的地面是不可能的。

欧几里得证明 $\sqrt{2}$ 是无理数就用了"奇偶校验"。在物理学中也有很重要的证明,如 1957 年美籍华人杨振宁和李政道推翻著名的"宇称守恒定律",以其卓越的成就获得诺贝尔奖,其中就用了奇偶性校验方法。

§2.8 差分建模

定义 1(差分) 设 $\{x_k\}(k=1,2,\cdots)$ 是一数列,称 $\Delta x_k=x_{k+1}-x_k$ 是对 x_k 的 1 阶差分,此处 Δ 称为差分算子;称 $\Delta^2 x_k=\Delta(\Delta x_k)$ 是对 x_k 的 2 阶差分。

命题 1 若数列 $\{x_k\}$,$x_k=c\cdot k+b$ 对一切 $k=1,2,\cdots$ 成立,其中 c 和 b 为常数,则成立 $\Delta x_k=c,k=1,2,\cdots$;反之,若成立 $\Delta x_k=c,k=1,2,\cdots$,则必存在常数 b,使得 $x_k=c\cdot k+b$。

命题 2 若对数列 $\{x_k\}$ 成立 $x_k=\dfrac{1}{2}c\cdot k^2+d\cdot k+b,k=1,2,\cdots$,则对一切正整数 k,成立 $\Delta^2 x_k=c$;反之,若对一切正整数 k 成立 $\Delta^2 x_k=c$,则必存在常数 d 和 b,使得 $x_k=\dfrac{1}{2}c\cdot k^2+d\cdot k+b,k=1,2,\cdots$。

定义 2(一阶差分方程) 若这一规则表现为用数列的第 $k-1$ 项表示数列的第 k 项,则称此差分方程为一阶差分方程。

定义 3(二阶差分方程) 若这一规则表现为用数列的第 $k-1$ 项和第 $k-2$ 项表示数列的第 k 项,则称此差分方程为二阶差分方程。

2.8.1 差分方程解

例 2-13 求解差分方程 $x_k-2x_{k+1}+x_{k+2}=1,k=1,2,\cdots$ 其中 $x_1=2.5$,$x_2=5$。

解 即 $\Delta^2 x_k=1$,由命题 $2\Rightarrow x_k=\dfrac{1}{2}k^2+d\cdot k+b$。(通解)

由已知

$$x_1=\frac{1}{2}+d+b=2.5;$$

$$x_2 = 2 + 2d + b = 5;$$

解得 $d = b = 1;$

$$x_k = \frac{1}{2}k^2 + k + 1.$$

2.8.2　一阶常系数线性差分方程

定义 4　设 $\{x_k\}$ 是一数列,称 $x_{k+1} = r \cdot x_k + b, (k=0,1,2,\cdots)$ 为一阶常系数线性差分方程。

为了给出 $x_{k+1} = r \cdot x_k + b, (k=0,1,2,\cdots)$ 的通解,我们先考察 $x_{k+1} = r \cdot x_k, k=0,1,2,\cdots$(齐次式);其解为 $x_k = r^k c$(其中 c 为任意常数)。

再看非齐次方程的平衡解。设 $x_k = S$ 是一个平衡解,代入方程得 $S = rS + b;$

当 $r \neq 1$ 时,$\Rightarrow S = \dfrac{b}{1-r}$;得 $x_k = r^k c + \dfrac{b}{1-r}$,　$(k=0,1,2,\cdots)$ 是原差分方程的通解。

当 $r = 1$ 时,$x_{k+1} = x_k + b$,即 $\Delta x_k = b$,可得 $x_k = b \cdot k + c;$

综上,$x_k = \begin{cases} r^k c + \dfrac{b}{1-r}, & r \neq 1 \\ c + k \cdot b, & r = 1 \end{cases}$,　$(k=0,1,2,\cdots)$。

例 2-14　求解菲波那契差分方程 $x_{k+2} = x_{k+1} + x_k, (k=1,2,\cdots)$ 满足 $x_1 = 1, x_2 = 1$ 的解析解的表达式。

解　探求形如 $x_k = \alpha^k$,代入

$$\Rightarrow \alpha^{k+2} = \alpha^{k+1} + \alpha^k,$$

$$\Rightarrow \alpha^2 - \alpha - 1 = 0,$$

$$\Rightarrow \alpha_{1,2} = \frac{1 \pm \sqrt{5}}{2};$$

令　$x_k = c_1 \left(\dfrac{1+\sqrt{5}}{2} \right)^k + c_2 \left(\dfrac{1-\sqrt{5}}{2} \right)^k;$

再令 $x_1 = 1, x_2 = 1$ 代入

$$\Rightarrow \begin{cases} c_1 \left(\dfrac{1+\sqrt{5}}{2} \right) + c_2 \left(\dfrac{1-\sqrt{5}}{2} \right) = 1 \\ c_1 \left(\dfrac{3+\sqrt{5}}{2} \right) + c_2 \left(\dfrac{3-\sqrt{5}}{2} \right) = 1 \end{cases},$$

求得 $c_1 = \dfrac{1}{\sqrt{5}}$，$c_2 = -\dfrac{1}{\sqrt{5}}$；

即　　　$x_k = \dfrac{1}{\sqrt{5}} \left[\left(\dfrac{1+\sqrt{5}}{2} \right)^k - \left(\dfrac{1-\sqrt{5}}{2} \right)^k \right]$，$k = 1, 2, \cdots$。

2.8.3　差分建模

例 2-15　设某种货币 1 年期存款的利率为 r（年利率）。若存入 P 元，过 n 年取出，可得本利和为多少？

解　设 S_k 为第 k 年末的本利和，则

$S_{k+1} = S_k + r \cdot S_k = (1+r)S_k$，$(k = 0, 1, 2, \cdots)$；

其通解为 $S_k = (1+r)^k c$，c 为任意常数。

例 2-16　人口增长模型：马尔萨斯（Malthus）模型。1798 年英国人马尔萨斯根据统计资料给出了如下假设：单位时间内人口的增长量与人口数成正比。此时人口数将如何变化？

解　设 y_n 为第 n 单位时间末的人数，a 是增长的比例系数（即出生系数与死亡系数的差），则有

$$y_{n+1} - y_n = a \cdot y_n, \quad (n = 0, 1, 2, \cdots). \tag{2.2}$$

经过迭代，得到

$$y_n = (1+a) y_{n-1} = (1+a)^2 y_{n-2} = \cdots = (1+a)^n y_0, \quad (n = 0, 1, 2, \cdots),$$
$$\tag{2.3}$$

其中 y_0 是开始的人口数。

模型（2.3）被称之为**马尔萨斯模型**，此模型也适合动物的繁殖、细菌的繁殖等，在一定的时间间隔内呈现为指数增长。

人们经研究发现，递推式（2.3）与一段时间内的人口统计数据较为吻合，但与后面较长一段时间的数据却有相当大的差异。造成这一现象的原因何在？分析得到：当人口数较大时，有限的生活场所、自然资源必然给人的生存带来较大的影响，即公式（2.3）中的 a 往往不再是常数，是随人口数变化的。

假设 y^* 表示地球所允许的最大人口数，考虑到人口的增长速度与现有人口 y_n 成正比，而增长的比例系数 a 随着现有的人口数 y_n 的增加而减少。即原来的 a 用 $a - b \cdot y_n$ 替换，其中 $a > 0, b > 0$；这样，得到关于人口增长的改进模型：

$$y_{n+1} - y_n = (a - b \cdot y_n) \cdot y_n \quad (n = 0, 1, 2, \cdots). \tag{2.4}$$

据当 $y=y^*$ 时,人口已不再增长,故有 $a-b \cdot y^*=0$,推得 $b=\dfrac{a}{y^*}$。

代入(2.4)式,得到:

$$y_{n+1}=y_n+a \cdot (1-\dfrac{y_n}{y^*}) \cdot y_n \quad (n=0,1,2,\cdots)。 \tag{2.5}$$

模型(2.5)被称为**阻滞增长(Logistic)模型**,此模型也适用于一般生物数量的增长。

课后练习题:某人在一家公司上班,目前年薪为 10 万元。公司主管说,这里有两种加薪方案可供选择:第一种,每一年加 10000 元;第二种,每半年加 3000 元。试问:

(1)如果你在该公司工作 5 年,采用哪种方案得到的收入多?

(2)如果你在该公司工作 5 年,将第二种方案中的每半年加 3000 元改为 c 元,讨论哪一种方案得到的收入多?

(3)如果你在该公司工作了 n 年,讨论哪一种方案得到的收入多?

§2.9　交通信号灯的优化配置

例 2-17(简单管理模型)　在红绿灯交换的周期时间 T 内,从东西方向到达十字路口的车辆数为 H,从南北方向到达十字路口的车辆数为 V,问如何确定十字路口某个方向红绿灯点亮的时间更合理?

解

①分析

要求在红绿灯变换的一个周期内,车辆在此路口的滞留总时间达到最少。

②假设

(1)黄灯时间忽略不计;只考虑机动车,不考虑人流量及非机动车;只考虑东西、南北方向,不考虑拐弯的情况。

(2)车流量均匀。

(3)一个周期内,东西向绿灯,南北向红灯时间相等;东西向与南北向周期相等。

③建模

设东西方向绿灯时间(即南北方向红灯时间)为 t 秒,则东西方向红灯时间(即南北方向绿灯时间)为 $(T-t)$ 秒。设一个周期内车辆在此路口的滞留

总时间为 y 秒。

根据假设,一个周期内车辆在此路口的滞留总时间 y 分成两部分,一部分是南北方向车辆在此路口滞留的时间 y_1,另一部分是东西方向车辆在此路口滞留的时间 y_2。

下面计算南北方向车辆在此路口滞留的时间 y_1:

在一个周期中,从南北方向到达路口的车辆数为 V,该周期中南北方向亮红灯的比率为 $\dfrac{t}{T}$,需停车等待的车辆数是 $V\left(\dfrac{t}{T}\right)$。这些车辆等待时间最短为 0(即车刚停下,红灯就变为绿灯),据假设(2)可知,这些车辆的平均等待时间是 $\dfrac{t}{2}$。由此可知,南北方向车辆在此路口滞留的时间为 $y_1 = \left(\dfrac{V \times t}{T}\right) \times \dfrac{t}{2} = \left(\dfrac{V}{2T}\right)t^2$。

同理可得东西方向车辆在路口滞留的时间为 $y_2 = \left(\dfrac{H}{2T}\right)(T-t)^2$。

综上,得 $y = y_1 + y_2 = \dfrac{Vt^2}{2T} + \dfrac{H}{2T}(T-t)^2$。

④求解

因 $y = \dfrac{Vt^2}{2T} + \dfrac{H}{2T}(T-t)^2$ 是关于 t 的二次函数,显然可求得当 $t = \dfrac{TH}{H+V}$ 时,y 取最小值。

⑤模拟计算

取 $T=88, H=30, V=24$,代入得到 $t=48.8889$ 时,y 达到最小值 587(秒),约为 9.78(分)。

例 2-18(估计过十字路口的车辆数量模型)　在一个有红绿灯的十字路口,如果绿灯亮 t 秒,问最多可以有多少辆汽车通过这个交叉路口?

解

①分析

由于交通灯对十字路口的控制方式很复杂,特别是车辆左、右转弯的规则,不同的国家或地区都不一样。通过路口的车辆的多少还取决于路面上车的数量以及它们行驶的速度和方向。故我们需要在一定的假设下通过建模解决。

②假设

(1)十字路口的车辆穿行秩序良好,不会发生阻塞。

23

（2）所有车辆都是直行穿过路口，不拐弯行驶，且仅考虑道路一侧或单行线上的车辆。

（3）在红灯下等待的车辆足够长，且所有的车辆长度相同，设为 L（米）。

（4）在红灯下等待的每相邻两辆车之间的距离相等，设为 D（米）。

（5）前一辆车启动后，下一辆车延迟启动时间相等，设为 T（秒）。

（6）所有车辆都是从静止状态匀加速启动，且加速度相同，设其大小为 a（米/秒^2）。

（7）城市道路上行驶的汽车有最高速率的限制，设其大小为 V^*（米/秒）。

（8）汽车启动后，将匀加速到最高速率 V^*（米/秒），然后以这个速率匀速向前行驶。

③建模

用 x 轴表示车辆行驶的道路。原点 O 表示交通灯的位置，x 轴的正向为汽车行驶的方向，以绿灯亮为起始时刻。

用 $S_n(t)$ 表示第 n 辆车在绿灯亮了 t 秒后在 x 轴上的位置（用坐标表示）。则对于亮灯后的第 n 辆车，有三种状态发生：

（1）当 $0 \leqslant t < (n-1)T$ 时，汽车处于静止状态，此时
$$S_n(t) = -(n-1)(L+D);$$

（2）当 $(n-1)T \leqslant t < \dfrac{V^*}{a} + (n-1)T$ 时，汽车处于匀加速状态，此时
$$S_n(t) = -(n-1)(L+D) + \frac{1}{2}a \times [t-(n-1)T]^2;$$

（3）当 $t \geqslant \dfrac{V^*}{a} + (n-1)T$ 时，汽车处于匀速状态，此时
$$S_n(t) = -(n-1)(L+D) + \frac{V^{*\,2}}{2a} + V^* \times [t - \frac{V^*}{a} - (n-1)T].$$

④模拟计算

取 $L=5$（米），$D=2$（米），$T=1$（秒），$V^*=11$（米/秒），$a=2$（米/秒^2），代入 $S_n(t)$ 得：

（1）当 $0 \leqslant t < n-1$ 时，$S_n(t) = -7(n-1)$；

（2）当 $n-1 \leqslant t < n+4.5$ 时，$S_n(t) = -7(n-1) + [t-(n-1)]^2$；

（3）当 $t \geqslant n+4.5$ 时，$S_n(t) = 11t - 18n - 12.25$。

课后练习题：在例 2-17 中，若考虑有黄灯，那么模型将作如何修改？

第3章 微分方程模型

本章介绍了一些实际问题借助物理和微积分知识建立数学模型的过程，并通过对这些模型的分析，提出了一些科学的实施方案。

§3.1 发射卫星为什么用三级火箭？

火箭是一个复杂的系统，为了使问题简单明了，我们只从动力系统及整体结构上分析，并假定引擎是足够强大的。

为什么不能用一级火箭发射人造卫星？

（1）卫星能在轨道上运动的最低速度

设卫星的质量为 m，地球的半径为 R，重力加速度为 g，现卫星离地心的距离为 r，卫星与地球之间的引力为 F，v 是卫星运动的线速度；据万有引力定律，得到

$$mg = \frac{K \cdot m}{R^2} \Rightarrow K = gR^2,$$

$$F = \frac{K \cdot m}{r^2} = \frac{g \cdot R^2 \cdot m}{r^2} = mg \left(\frac{R}{r} \right)^2, \qquad \text{这就是向心力；}$$

为使卫星作匀速圆周运动，故 $F = \frac{mv^2}{r}$。

从而，$v = R\sqrt{\dfrac{g}{r}}$。现设 $g = 9.81\text{m/s}^2$，表 3.1 所列是不同高度处能使卫星不掉下来的最低速度分布。

表 3.1 卫星能在不同高度处停留的最低速度分布

离地面高度/km	100	200	400	600	800	1000
$v/(\text{km} \cdot \text{s}^{-1})$	7.86	7.80	7.69	7.58	7.47	7.37

（2）火箭推进力及速度的分析

假设：火箭重力及空气阻力均不计；并设

考虑 $m(t+\Delta t)-m(t)=\dfrac{\mathrm{d}m}{\mathrm{d}t}\cdot\Delta t+O((\Delta t)^2)$，其中 t 是时间变量，d 是微分算子，Δt 表示时间改变量，O 表示同阶量。

记火箭喷出的气体相对于火箭的速度为 u（常数），由动量守恒定理，

因为

$$m(t)v(t)=m(t+\Delta t)v(t+\Delta t)-\Delta m(t)\cdot(v(t)-u)$$

$$=m(t+\Delta t)\cdot v(t+\Delta t)-\left[\frac{\mathrm{d}m}{\mathrm{d}t}\cdot\Delta t+O((\Delta t)^2)\right]\cdot[v(t)-u],$$

$$m(t+\Delta t)=m(t)+\frac{\mathrm{d}m}{\mathrm{d}t}\Delta t+O((\Delta t)^2),$$

所以

$$m(t+\Delta t)v(t+\Delta t)=m(t)v(t+\Delta t)+v(t+\Delta t)\frac{\mathrm{d}m}{\mathrm{d}t}\Delta t+O((\Delta t)^2);$$

推出

$$m(t)v(t)=m(t)v(t+\Delta t)+v(t+\Delta t)\frac{\mathrm{d}m}{\mathrm{d}t}\Delta t$$

$$-\left(\frac{\mathrm{d}m}{\mathrm{d}t}\Delta t\right)\cdot[v(t)-u]+O((\Delta t)^2),$$

$$m(t)[v(t+\Delta t)-v(t)]=-v(t+\Delta t)\frac{\mathrm{d}m}{\mathrm{d}t}\Delta t+\frac{\mathrm{d}m}{\mathrm{d}t}\Delta t\cdot[v(t)-u]$$

$$+O((\Delta t)^2),$$

上式两边同除 Δt，并令 $\Delta t\to 0$，得

$$m\frac{\mathrm{d}v}{\mathrm{d}t}=-v(t)\frac{\mathrm{d}m}{\mathrm{d}t}+\left(\frac{\mathrm{d}m}{\mathrm{d}t}\right)\cdot v(t)-u\frac{\mathrm{d}m}{\mathrm{d}t},$$

$$m\frac{\mathrm{d}v}{\mathrm{d}t}=-u\frac{\mathrm{d}m}{\mathrm{d}t},$$

由此解得，$v(t)=v_0+u\ln\left(\dfrac{m_0}{m(t)}\right)$，其中 m_0 是火箭初始质量，v_0 是初始速度。

从而若提高 u，或提高 $\dfrac{m_0}{m(t)}$ 之比，可以使 $v(t)$ 增加。

（3）目前技术条件下一级火箭末速度的上限

我们将火箭－卫星系统的质量分成三部分：

第 1 部分：m_p（有效负载，如卫星）；

第 2 部分：m_F（燃料质量）；

第 3 部分：m_s（结构质量——如外壳、燃料容器及推进器）。

据（2）公式，可得到

$$v = u\ln\left(\frac{m_0}{m_p + m_s}\right)。$$

一般来说，结构质量 m_s 在 $m_s + m_F$ 中应占有一定的比例，在现有技术下，要使燃料仓与发动机的质量和小于所载燃料的 $\frac{1}{8}$ 或 $\frac{1}{10}$ 是很难做到的。

设 $m_s = \lambda(m_F + m_s) = \lambda(m_0 - m_p)$，

推出
$$v = u\ln\left(\frac{m_0}{\lambda m_0 + (1-\lambda)m_p}\right)。$$

对于给定的 u 值，当 $m_p = 0$ 时，火箭所能达到的速 $v = u\ln\left(\frac{1}{\lambda}\right)$。

据目前的技术条件和燃料性能，$u = 3(\text{km/s})$，如果取 $\lambda = 0.1$，则 $v \approx 7(\text{km/s})$。

又因为 $v_{\text{末}} = R\sqrt{\dfrac{g}{r}}$，取

$$g = 9.81(\text{m/s}^2), R = 6400(\text{km}), r = 6400 + 600 = 7000(\text{km}),$$

计算得到 $v \approx 7.6(\text{km/s})$。

而由前面推出卫星要进入圆形轨道，火箭末速度应为 7.6（km/s），（是在假定忽略空气阻力、重力，不携带任何东西的情况下），由此得出，如上的单级火箭是不能用于发射卫星的。

经分析，我们得到如下结论。

存在的缺陷：在于发动机必须把整个沉重的火箭加速到底，但当燃料耗尽时，发动机加速的仅仅是一个空的燃料仓。因此，有待改进火箭的设计。

改进措施：不断丢弃无用部分。

（4）理想的连续丢弃

记 $-\lambda\dfrac{\mathrm{d}m}{\mathrm{d}t} \cdot \Delta t$ 表示丢弃的结构质量，$-(1-\lambda)\dfrac{\mathrm{d}m}{\mathrm{d}t} \cdot \Delta t$ 表示燃烧时喷出的气体质量。

（建模）由动量守恒定理

$$m(t)v(t) = m(t+\Delta t)v(t+\Delta t) - \lambda\frac{\mathrm{d}m}{\mathrm{d}t}\Delta t \cdot v(t) - (1-\lambda)\frac{\mathrm{d}m}{\mathrm{d}t}\Delta t \cdot (v-u)\,O((\Delta t)^2),$$

其中 $m(t+\Delta t)v(t+\Delta t)=m(t)\cdot v(t+\Delta t)+v(t+\Delta t)\dfrac{dm}{dt}\Delta t+O((\Delta t)^2)$;

经整理,并令 $\Delta t\to 0$,得

$$m\frac{dv}{dt}=-(1-\lambda)u\frac{dm}{dt}\Rightarrow v(t)=(1-\lambda)u\ln\left(\frac{m_0}{m(t)}\right),$$

得到

$$v_{\text{末}}=(1-\lambda)u\ln\left(\frac{m_0}{m_p}\right)\text{。}$$

若考虑空气阻力、重力,理想要达到:$v_{\text{末}}=10.5\text{km/s}$,而不是 7.6km/s。

如果取 $\lambda=0.1$,$u=3(\text{km/s})\Rightarrow\dfrac{m_0}{m_p}\approx 50$,即 $1(t)$ 重的卫星约需要造一个 $50(t)$ 重的火箭。

(5)理想过程的实际化

我们将丢弃的处理方法由连续改为逐级,即将燃料仓离散分成 n 级。

令 $m_i=$ 第 i 级质量(燃料+结构),λm_i 为结构质量,$(1-\lambda)m_i$ 为燃料质量,其中 λ 为比例系数。假设 u 一样,以分析三级为例:$m_0=m_1+m_2+m_3+m_p$,

燃烧完第 1 级燃料后火箭达到的速度 v_1:

$$v_1=u\ln\left(\frac{m_0}{m_p+\lambda m_1+m_2+m_3}\right);$$

燃烧完第 2 级燃料后火箭达到的速度 v_2:

$$v_2=v_1+u\ln\left(\frac{m_p+m_2+m_3}{m_p+\lambda m_2+m_3}\right);$$

燃烧完第 3 级燃料后火箭达到的速度 v_3:

$$v_3=v_2+u\ln\left(\frac{m_p+m_3}{m_p+\lambda m_3}\right);$$

推出

$$\begin{cases}m_0=m_p+m_1+m_2+m_3\\ \dfrac{v_3}{u}=\ln\left(\dfrac{m_0}{m_p+\lambda m_1+m_2+m_3}\right)\left(\dfrac{m_p+m_2+m_3}{m_p+\lambda m_2+m_3}\right)\left(\dfrac{m_p+m_3}{m_p+\lambda m_3}\right)\end{cases}\text{。}\quad(3.1)$$

为了选取 m_1,m_2,m_3 使 m_p 最大,

令

$$a_1=\frac{m_0}{m_p+m_2+m_3},\ a_2=\frac{m_p+m_2+m_3}{m_p+m_3},\ a_3=\frac{m_p+m_3}{m_p},$$

此时(3.1)式变为:$\dfrac{v_3}{u}=\ln\left(\dfrac{a_1}{1+\lambda(a_1-1)}\right)\left(\dfrac{a_2}{1+\lambda(a_2-1)}\right)\left(\dfrac{a_3}{1+\lambda(a_3-1)}\right)$。

由于 a_1,a_2,a_3 是对称的,故当 $a_1=a_2=a_3$ 时,$a_1 \cdot a_2 \cdot a_3 = \dfrac{m_0}{m_p}$ 取最小值,即 m_p 达最大,令 $a_1=a_2=a_3=a \Rightarrow \dfrac{v_3}{u}=\ln\left(\dfrac{a}{1+\lambda(a-1)}\right)^3,\dfrac{a}{1+\lambda(a-1)}=\mathrm{e}^{\left(\frac{v_3}{3u}\right)}$,

记 $p=\mathrm{e}^{-\left(\frac{v_3}{3u}\right)}$,$\Rightarrow \dfrac{m_0}{m_p}=\left(\dfrac{1-\lambda}{p-\lambda}\right)^3$。

设 $v_3=10.5\mathrm{km/s},u=3\mathrm{km/s},\quad \lambda=0.1,\quad \dfrac{m_0}{m_p}\approx 77$。

一般 n 级同理可得到:

表 3.2　燃料仓级数与火箭质量的关系

级数(n)	1	2	3	4	5	$\cdots$	∞
质量(t)	—	149	77	65	60	$\cdots$	50

课后练习题:请推导用二级火箭将卫星送上天空所需的火箭质量。

§3.2　传染病传播的数学模型

在生物医学中有两个重要的数学模型:(1)传染病传播的数学模型,(2)疾病的数学模型。本节着重讨论第一个模型的建立过程及通过模型分析提出防疫传染病传播的有效措施。

实际问题:人们将传染病的统计数据进行处理和分析,发现在某一民族或地区,某种传染病传播时,每次所涉及的人数大体上是一常数,这一现象如何解释呢?

初步分析传染病传播涉及的因素:人口多少;易受传染的人有多少;传染率的大小;排除率的大小,人员的迁入或迁出;潜伏期。

我们先考虑最简单的情形,即如下的模型一。

模型一:假设(1)每个病人在单位时间内传染的人数是常数 K_0;

(2)一人得病后,经久不愈,人在传染期间不会死亡。

记 $i(t)$ 表示 t 时刻病人数,K_0 表示每个病人单位时间内传染的人数,$i(0)=i_0$,即最初有 i_0 个传染病人。则在 Δt 时间内增加的病人数为

$$i(t+\Delta t)-i(t)\approx K_0 \cdot i(t) \cdot \Delta t,$$

当 $\Delta t \to 0$ 时,得到

$$\begin{cases} \dfrac{\mathrm{d}i(t)}{\mathrm{d}t}=K_0 \cdot i(t) \\ i(0)=i_0 \end{cases}$$

此方程的解为 $i(t)=i_0 \cdot \mathrm{e}^{K_0 t}$。表明:传染病的传播是按指数函数增加的。此模型初期状态吻合得较好,但当 $t \to \infty$ 时,导致 $i(t) \to \infty$。这是不符合实际的,分析看出假设(1)不完善。下面模型二对假设(1)进行了修改。

模型二:用 $i(t),s(t)$ 表示 t 时刻传染病人数和未被传染人数,$i(0)=i_0$;

假设(1)每个病人单位时间内传染的人数与这时未被传染的人数成正比,即 $K_0 = K s(t)$;

假设(2)一人得病后,经久不愈,人在传染期内不会死亡;

假设(3)总人数为 n,即 $s(t)+i(t)=n$。

类似与模型一的建模过程,可以得到

$$\begin{cases} \dfrac{\mathrm{d}i(t)}{\mathrm{d}t}=K_0 \cdot i(t) \\ s(t)+i(t)=n \\ i(0)=i_0 \end{cases},$$

解得 $i(t)=\dfrac{n}{1+\left(\dfrac{n}{i_0}-1\right)\mathrm{e}^{-K \cdot n \cdot t}}$,此解可以用来预报传染较快的疾病前期传染病高峰到来的时间。

而

$$\frac{\mathrm{d}i}{\mathrm{d}t}=\frac{kn^2\left(\dfrac{n}{i_0}-1\right)\mathrm{e}^{-K \cdot n \cdot t}}{\left[1+\left(\dfrac{n}{i_0}-1\right)\mathrm{e}^{-K \cdot n \cdot t}\right]^2},$$

称之为传染病曲线,它表示传染病人增加率与时间的关系。

令 $\dfrac{\mathrm{d}^2 i(t)}{\mathrm{d}t^2}=0$,得极大点为 $t_1=\dfrac{\ln\left(\dfrac{n}{i_0}-1\right)}{K \cdot n}$。

由此可见,当 K,n 增加时,t_1 减小,即传染病高峰来得快。这与实际情况吻合。该公式对于预防传染病是有益处的。但当 $t \to +\infty$ 时,导致 $i(t) \to n$,这是不符合实际的,分析得出不妥之处在假设(2),即假设了人得病后经久不愈。

下面模型三对假设进行了修改。

模型三：把居民分成三类：

第一类是由能够把疾病传染给别人的那些传染者组成的，用 $I(t)$ 表示 t 时刻第一类人数；

第二类是由并非传染者但能够得病而成为传染者的那些人组成的，用 $S(t)$ 表示 t 时刻第二类人数；

第三类：包括患病死去的人，病愈后具有长期免疫力的人，以及在病愈并出现长期免疫力以前被隔离起来的人，用 $R(t)$ 表示。

据统计数据，我们假设疾病传染服从下列法则：

(1) 人口总数保持固定水平 n；

(2) $\dfrac{\mathrm{d}S(t)}{\mathrm{d}t}$ 正比于 $I(t)$，$S(t)$；

(3) $I(t) \to R(t)$ 的速率正比于 $I(t)$。

类似于模型一、模型二的建模过程，我们得到

$$\begin{cases} \dfrac{\mathrm{d}S}{\mathrm{d}t} = -r \cdot S \cdot I \\[2mm] \dfrac{\mathrm{d}I}{\mathrm{d}t} = r \cdot S \cdot I - \bar{r}I \\[2mm] \dfrac{\mathrm{d}R}{\mathrm{d}t} = \bar{r} \cdot I \end{cases},$$

其中 $\bar{r}$ 为排除率，r 为传染率。

（分析求解过程） 据 $\dfrac{\mathrm{d}(S+I+R)}{\mathrm{d}t} = 0$，若 $I(t)$，$S(t)$ 可解出，则 R 亦可解出。由于此一阶常微分方程组没有解析公式解，故我们只能从 $S-I$ 相平面上分析 $I(t)$ 与 $S(t)$ 之间的关系。

显然　　　　　　　　　　$S+I+R = $ 常数；

又　　　　　　　　$\dfrac{\mathrm{d}I}{\mathrm{d}S} = -1 + \dfrac{\rho}{S}$，　其中 $\rho = \dfrac{\bar{r}}{r}$；

则　　　　　$I(S) = I_0 + S_0 - S + \rho \ln \dfrac{S}{S_0}$，其中 $I|_{t=0} = I_0$；$S|_{t=0} = S_0$。

考虑到

$$I'(S) = -1 + \dfrac{\rho}{S} \begin{cases} <0, & S > \rho \\ =0, & S = \rho, I(0^+) = -\infty, \quad I(S_0) = I_0 > 0, \\ >0, & S < \rho \end{cases}$$

所以存在 S_∞，使 $I(S_\infty) = 0$ ， $0 < S_\infty < S_0$ 。

鉴于当 t 增加时，则 $S(t)$ 减小；从而，若 $S_0 < \rho$，则 $I(t)$ 减小到 0，且 $S(t) \to$ S_∞，这种情况疾病会很快被消灭；若 $S_0 > \rho$，$S(t) \to \rho$ 时，则当 t 增加，$I(t)$ 也增加，且当 $S = \rho$ 时，$I(t)$ 达到最大值。故当 $S(t) < \rho$ 时，$I(t)$ 减小（当 t 增加时）。

这说明仅当传染病开始时健康者人数超过 ρ 的情况下，传染病才会蔓延，ρ 是一个阈值（俗称门槛）。通常 I_0 很小，可近似认为 $S_0 \approx n$，在总人数 n 不变的情况下，提高门槛 ρ 的值，无疑是对制止传染病蔓延有利，现使 $\bar{r}$ 增加、r 减小，即提高医疗水平和健康水平。

下面估计在一次传染病的流行过程中，被传染的总人数 x，其中 $x = S_0 - S_\infty$。考虑到

$$I(S) = I_0 + S_0 - S + \rho \ln \frac{S}{S_0} , \quad I(S_\infty) = 0 ;$$

推出　　$I_0 + S_0 - S_\infty + \rho \ln \dfrac{S_\infty}{S_0} = 0$ ；

因为 I_0 很小，故有 $\rho \ln \dfrac{S_\infty}{S_0} - S_\infty + S_0 \approx 0$；从而 $x + \rho \ln \dfrac{S_\infty}{S_0} \approx 0$。

由于 $S_\infty = S_0 - x$，所以 $x + \rho \ln \left(1 - \dfrac{x}{S_0}\right) \approx 0$。

利用对数函数的泰勒展开式，因 $0 < \dfrac{x}{S_0} < 1$，所以

$$x - \rho \left(\frac{x}{S_0} + \frac{1}{2} \cdot \frac{x^2}{S_0{}^2} + \cdots \right) \approx 0，即得 \ x\left(1 - \frac{\rho}{S_0} - \frac{\rho \cdot x}{2S_0{}^2}\right) \approx 0，$$

求得　　　　　　　　　　$x \approx \dfrac{2(S_0 - \rho) S_0}{\rho}$。

记 $S_0 = \rho + \delta$，当 $0 < \delta \ll \rho$ 时，得　$x \approx 2\delta$，此时 2δ 是一个常数，即最终得病的人数近似是一个常数。

§3.3　现实生活中的微分方程模型

例 3-1　一只装满水的圆柱形桶，底半径为 $10(\mathrm{ft})$，高为 $20(\mathrm{ft})$，底部有一直径为 $1(\mathrm{ft})$ 的小孔。问桶流空需多长时间？

解　将圆柱形水桶看作是层状圆盘的垂直叠立而成，现设某层的高度为 h，厚度为 $\mathrm{d}h$，对应的质量为 Δm 或 $\mathrm{d}m$，重力加速度为 g，水从底部小孔流出的

速度为 v，流出水的长度为 ds，d 为微分算子；又记圆盘的面积为 A，底部小孔的面积为 B，时间变量记为 t，则有

$$(\Delta m)\cdot gh=\frac{1}{2}(\Delta m)\cdot v^2,\quad \Rightarrow v=\sqrt{2gh},$$

由

$$(-A)\cdot \mathrm{d}h=B\mathrm{d}s\quad\Rightarrow\quad \mathrm{d}h=-(\frac{B}{A})\cdot \mathrm{d}s,$$

而 $\mathrm{d}s=\dfrac{\mathrm{d}s}{\mathrm{d}t}\cdot \mathrm{d}t,\ \mathrm{d}h=-(\dfrac{B}{A})\cdot v\cdot \mathrm{d}t=-(\dfrac{B}{A})\cdot\sqrt{2gh}\cdot \mathrm{d}t,$

$A=\pi(10)^2((\mathrm{ft})^2),\ B=\pi(\frac{1}{2})^2((\mathrm{ft})^2),\ v=\sqrt{2gh}=\sqrt{2(32)h}=8h^{\frac{1}{2}},$

得到

$$h^{-\frac{1}{2}}\mathrm{d}h=\frac{-8(\frac{1}{2})^2}{10^2}\cdot \mathrm{d}t,$$

上式两边积分得到

$$2h^{\frac{1}{2}}=\frac{-8(\frac{1}{2})^2}{10^2}\cdot t+K,$$

因为当 $t=0$ 时，$h=20$，故 $K=2\sqrt{20}$。

再令 $h=0$，推得 $t=\dfrac{100}{8(\frac{1}{2})^2}\cdot(2\sqrt{20})\approx0.124(\mathrm{h})$。

例 3-2　容器的温度为 $60℃$，将其内的温度计移入另一容器，十分钟后读取为 $70℃$，又过十分钟后读取为 $76℃$，问另一容器的温度为多少度？（提示：Newton 定律指出，温度变化率与温差成正比）

解　设另一容器的温度为 m，温度计的温度为 T，时间变量为 t，则根据牛顿定律，得到

$$\frac{\mathrm{d}T}{\mathrm{d}t}=k(T-m),$$

$$\frac{\mathrm{d}T}{T-m}=k\mathrm{d}t\quad\Rightarrow T=A\mathrm{e}^{kt}+m。$$

由　　　　$T(0)=60,T(10)=70,T(20)=76.$ 即有

$$\begin{cases}A+m=60\\ A\mathrm{e}^{10k}+m=70\\ A\mathrm{e}^{20k}+m=76\end{cases}\Rightarrow\begin{cases}A(\mathrm{e}^{10k}-1)=10\\ A\mathrm{e}^{10k}(\mathrm{e}^{10k}-1)=6\end{cases},$$

$$\Rightarrow \frac{e^{10k}-1}{e^{10k}(e^{10k}-1)}=\frac{5}{3}, \text{ 设 } u=e^{10k},$$

$$\Rightarrow \frac{u-1}{u(u-1)}=\frac{5}{3} \qquad \Rightarrow 3(u-1)=5u(u-1),$$

$$\Rightarrow 5u^2-8u+3=0 \qquad \Rightarrow (u-1)(5u-3)=0,$$

$$\Rightarrow u=1, u=\frac{3}{5}.$$

由 $e^{10k}=1$, $\Rightarrow k=0$(不适);又由 $e^{10k}=\dfrac{3}{5}$,得 $k=\dfrac{1}{10}\ln\dfrac{3}{5}$;

因而 $A=\dfrac{10}{e^{10k}-1}=\dfrac{10}{\dfrac{3}{5}-1}=-25$, $m=60+25=85°$.

例 3-3 某人每天由饮食获取 2500 卡热量,其中 1200 卡用于新陈代谢,此外每公斤体重需要支付 16 卡热量作为运动消耗,其余热量则转化为脂肪,已知以脂肪形式储存的热量利用率为 100%,每公斤脂肪含热量 10000 卡,问此人的体重如何随时间而变化?

解 设此人的体重为 w, $w=w(t)$, t 表示时间,先考虑每天,每天重量的变化=输入量−输出量,其中输入量指扣除了基本新陈谢之外的净重量吸收,输出量就是指进行健身训练时的消耗(记作 $\bar{w}$)。下面 $\Delta w=w(t+\Delta t)-w(t)$,其中 Δt 表示时间增量。

据体重的变化/每天=净吸收量/每天−$\bar{w}$/每天,其中

每天的净吸收量=2500(卡)−1200(卡)=1300(卡),

每天的净输出量 $\bar{w}$=16(卡/公斤)/每天×w(公斤)=16w/(卡);

得到每天重量的变化 $\Delta w=1300-16w$。

这样, $\lim\limits_{\Delta t \to 0}\dfrac{\Delta w}{\Delta t}\approx$ 体重的变化/每天。

可以得到 $\dfrac{dw}{dt}\approx\dfrac{1300-16w}{10000}$,

分离变量得 $\dfrac{dw}{1300-16w}\approx\dfrac{dt}{10000}$,

等式两边积分得 $-\dfrac{1}{16}\ln|1300-16w|\approx\dfrac{t}{10000}+C$。

再由当 $t=0$ 时, $w=w_0$,可以推得 $C\approx-\dfrac{1}{16}\ln|1300-16w_0|$,

将 C 值代入,得到 $|1300-16w|\approx|1300-16w_0|e^{(-\frac{16t}{10000})}$;

推出　　　　　　　$1300-16w \approx \pm(1300-16w_0)e^{(-\frac{16t}{10000})}$，

即有　　　　　　　$w \approx \dfrac{1300}{16} \mp \dfrac{(1300-16w_0)}{16}e^{(-\frac{16t}{10000})}$；

据初始条件 $w|_{t=0}=w_0$，上式中仅取

$$w \approx \dfrac{1300}{16} - \dfrac{(1300-16w_0)}{16}e^{(-\frac{16t}{10000})}， \tag{3.2}$$

才能满足要求。

显然，在(3.2)式中令 $t \to +\infty$，推出 w 趋于 $\dfrac{1300}{16}$(kg)；

亦可以 $\dfrac{\mathrm{d}w}{\mathrm{d}t} \approx 0$，得到平衡状态时 $w \approx \dfrac{1300}{16}$kg。

例 3-4(放射性废物的处理问题)　某国原子能委员会以前处理放射性废物的方法是将废物装入密封的圆桶中，然后将圆桶扔进大海；而工程师委员会认为这样处理可能会使圆桶在撞到海底时发生破裂，实验表明：圆桶在 40 英尺/秒的冲撞下会发生破裂。已知圆桶的体积为 55(加仑)，装满桶的重量为 $w=527.436$(磅)，而在海水中受到的浮力 $B=470.327$ 磅。问圆桶沉入 300 英尺深的海底部是否会破裂？

解　设从海面到海底的垂直方向为 y 轴方向，质量为 m 圆桶的下沉速度为 v，则下沉时，海水的阻力 $D=c \cdot v=0.08v$，据牛顿定律，可以得到：

$$m\frac{\mathrm{d}^2 y}{\mathrm{d}t^2}=w-B-D，\text{即 } m\frac{\mathrm{d}v}{\mathrm{d}t}=w-B-cv；$$

等式两边同乘重力加速度 g，得　$mg \cdot \dfrac{\mathrm{d}v}{\mathrm{d}t}=g(w-B-cv)$，即有

$$\frac{\mathrm{d}v}{\mathrm{d}t}=g\Big(1-\frac{B}{w}-\frac{c}{w}v\Big)，\text{可写成}\frac{\mathrm{d}v}{\mathrm{d}t}+\frac{cg}{w}v=\frac{g}{w}(w-B)，\quad v(0)=0；$$

得到　　　　　　　$v(t)=\dfrac{w-B}{c}\Big(1-e^{-\frac{cg}{w}t}\Big)$，

进一步　$\displaystyle\lim_{t \to +\infty}v(t)=\frac{w-B}{c}=\frac{527.436-470.327}{0.08}=713.86$(英尺/秒)。

那么 $y=300$(英尺)时，v 有多大呢？

由于 $\dfrac{\mathrm{d}v}{\mathrm{d}t}=\dfrac{\mathrm{d}v}{\mathrm{d}y} \cdot \dfrac{\mathrm{d}y}{\mathrm{d}t}$，所以 $m\dfrac{\mathrm{d}y}{\mathrm{d}t} \cdot \dfrac{\mathrm{d}v}{\mathrm{d}y}=w-B-cv$；

可简化成　$\dfrac{v}{w-B-cv} \cdot \mathrm{d}v=\dfrac{g}{w} \cdot \mathrm{d}y$，而当 $y=0$ 时，$v=0$；

解得

$$-\frac{v}{c}-\frac{w-B}{c^2}\ln\frac{w-B-cv}{w-B}=\frac{gy}{w}。$$

可用计算机算得　$y=300$ 英尺时，$v\approx45.1$（英尺/秒）>40（英尺/秒）。

课后练习题：一只装满水的圆锥形桶，底半径为 $10(ft)$，高为 $20(ft)$，底部有一直径为 $1(ft)$ 的小孔。问桶流空需多长时间？

§3.4　利用放射性原理推测物品的年代

著名物理学家罗斯福指出：物质的放射性正比于物质的原子数。即若以 $N(t)$ 表示 t 时刻放射性物质的原子数，则有 $\dfrac{\mathrm{d}N}{\mathrm{d}t}=-\lambda N$（负号表示减少）。物理学中常用半衰期 T 来描述放射性物质的衰减速度，容易求得 $T=\dfrac{\ln2}{\lambda}$。

碳 14 年代测定（1949 年 W. Libby 发现）：活体中的碳有一小部分是放射性同位素 C^{14}，这种放射性碳是由于宇宙射线在高层大气中的撞击引起的，经过一系列交换过程进入活组织中，直到在生物体中达到平衡浓度。这意味着在活体中，C^{14} 的数量与稳定的 C^{12} 的数量成定比。当生物体死亡后，交换过程停止了，放射性碳便以每年八千分之一的速度减少。

例 3-5　在一个巴基斯坦洞穴里，发现了具有古代尼安德特人特征的人骨碎片，科学家们把它们带到实验室，作碳 C^{14} 年代测定。分析表明，C^{14} 与 C^{12} 的比例仅仅是活组织内的 6.24%，问此人生活在多少年前？

解　C^{14} 年代测定可计算出生物体的死亡时间，所以，我们的问题实际上就是："这人死去了多久？"

设 t 表示死亡后的年数，$y(t)$ 表示 C^{14}/C^{12}。

由放射性原理可得到：

$$\begin{cases}\dfrac{\mathrm{d}y}{\mathrm{d}t}=-\dfrac{y}{8000}\\ y|_{t=0}=y_0\end{cases}，其中 y_0 即是活体中 C^{14}/C^{12} 的比例。$$

得到

$$y=y_0 e^{-t/8000}；\tag{3.3}$$

据题意

$$y=0.0624y_0，\quad 代入（3.3）式，$$

得到　　　　　$t = -8000\ln(0.0624)$，即 $t \approx 22193.52$（年）。

答：此人生活在 22193.52 年前。

例 3-6　1950 年在巴比伦发现一根刻有 Hammurabi 王朝字样的木炭，经测定，其 C^{14} 衰减数为 4.09 个/每克每分钟，而新砍伐烧成的木炭中 C^{14} 衰减数为 6.68 个/每克每分钟，C^{14} 的半衰期为 5568 年，问该王朝存在于何年前？

解　设 $N(t)$ 表示 t 时刻放射性物质的原子数，

则　　　　　　　　　　　　$\dfrac{\mathrm{d}N}{\mathrm{d}t} = -\lambda N$，

解得　　　　　　　　$N = k\mathrm{e}^{-\lambda t}$，　　其中 $\lambda = \dfrac{\ln 2}{T}$；

又据　　　　$\dfrac{-\lambda N(0)}{-\lambda N(t)} = \dfrac{6.68}{4.09}$，　即 $\dfrac{k}{k \cdot \mathrm{e}^{-\lambda t}} = \dfrac{6.68}{4.09}$；

推出　　　　　　　　　　$t \approx 3940.7$ 年。

答：该王朝存在于 3940.7 年前。

第4章 层次分析法

当我们考虑最佳决策时,很容易看到,影响做出决策的因素很多,某些因素存在定量指标,可以度量,但更多的因素不存在定量指标,只有定性关系,如何将定性关系转化为定量计算,从而做出最佳决策?层次分析法就是将半定性、半定量问题转化为定量计算的有效方法。

§4.1 基本理论

层次分析法分为四个基本步骤:

(1)建立层次结构模型,分层。

(i)最高层:表示解决问题的目的。

(ii)中间层:实现总目标而采取的措施、方案、政策,一般又分有策略层、约束层、准则层。

(iii)最底层:是用于解决问题的各种措施、政策等。

当某个层次包含因素较多时(>9),可将该层次再划分为若干子层。

(2)构造判断矩阵

设要比较 n 个因素 $x = \{x_1, x_2, \cdots, x_n\}$,对目标 Z 的影响,确定它们在 Z 中所占的比重。每次取两个因素 x_i 和 x_j,以 a_{ij} 表示 x_i 和 x_j 对 Z 的影响之比,全部比较结果用矩阵 $A = (a_{ij})_{n \times n}$ 表示,A 称为成对比较的判断矩阵。

定义 1(正互反矩阵) 如果矩阵 $A = (a_{ij})_{n \times n}$ 满足:

$$a_{ij} > 0, \quad a_{ij} = \frac{1}{a_{ji}}, \quad i \neq j, \quad a_{ii} = 1, \quad i, j = 1, 2, \cdots, n;$$

那么 A 称为正互反矩阵。

显然,成对比较的判断矩阵是正互反矩阵。

A. L. Saaty 引用了数字 $1 \sim 9$ 及其倒数作为标度。

x_i/x_j	相等	较强	强	很强	绝对强
a_{ij}	1	3	5	7	9

(3)层次单排序及其一致性检验

在构造判断矩阵之后,解判断矩阵的最大特征值 $\lambda_{\max}$,再利用 $AW=\lambda_{\max}$ W,解出 $\lambda_{\max}$ 所对应的特征向量 W,W 经过标准化后,即为同一层次中相应元素对于上一层次中的某个因素相对重要性的排序权值,这一过程称为层次单排序。

作为排序的权值一定是正值,因为判断矩阵是正互反矩阵,而正互反矩阵具有下面的性质。

定理 1　正互反矩阵存在正实数的最大特征根,这个特征根是单根,其余的特征根的模均小于它,其最大特征根所对应的特征向量的分量均为正数(证明略)。

因为在我们构造判断矩阵时,由于客观事物的复杂性使我们的认识常常带有主观性和片面性,要求每次比较判断的思维标准是一致的情形是不可能的。可能出现 $a_{ij} \cdot a_{jk} \neq a_{ik}$。因此,在分析 $x=\{x_1,x_2,\cdots,x_n\}$ 对目标 Z 的影响时,还必须进行一致性检验。

定义 2(一致阵)　如果一个正互反矩阵 A 满足

$$a_{ij} \cdot a_{jk}=a_{ik}, \quad i,j,k=1,2,\cdots,n;$$

则 A 称为一致阵。

(性质) 如果 A 是一致阵,则它有以下性质:

a) $a_{ij}=\dfrac{1}{a_{ji}}, \quad a_{ii}=1, \quad i,j=1,2,\cdots,n;$

b) A 的转置 A^{T} 也是一致阵;

c) A 的每一行均为任意指定的一行的正倍数,从而 $\mathrm{rank}(A)=1$;

d) A 的最大特征根 $\lambda_{\max}=n$,其余特征根均为零;

e) 若 A 的最大特征值 $\lambda_{\max}$ 对应的特征向量为

$$W=[W_1,W_2,\cdots,W_n]^{\mathrm{T}}, \text{则 } a_{ij}=\frac{W_i}{W_j}, \quad i,j=1,2,\cdots,n。$$

定理 2　n 阶正互反矩阵 $A=(a_{ij})_{n\times n}$ 是一致阵当且仅当 $\lambda_{\max}=n$。

如果判断矩阵不是一致阵,设有 $A'W'=\lambda'_{\max}W'$,并且 $\lambda'_{\max}>n$,其中 $\lambda'_{\max}$ 为矩阵 A' 的最大特征值。由于特征值连续地依赖于矩阵 A' 的元素 a'_{ij},$\lambda'_{\max}$ 比 n 大得越多,A' 的不一致程度也就越严重,$\lambda'_{\max}$ 所对应的特征向量 W' 就不

能真实反映 $x = \{x_1, x_2, \cdots, x_n\}$ 在目标 Z 中所占的比重。

令 $CI = \dfrac{\lambda_{\max} - n}{n - 1}$，$CI$ 衡量不一致程度的数量指标。通常，CI 称为一致性指标。

当 $\lambda_{\max} \approx n$，其余 ≈ 0，这时称 A 具有满意的一致性。（定义较含糊）

Saaty 提出用平均随机一致性指标 RI，检验判断矩阵 A 是否具有满意的一致性。

平均随机一致性指标 RI 是这样取得的：对于固定的 n，随机构造正互反矩阵 $A' = (a'_{ij})_{n \times n}$，其中 a'_{ij} 是从 $1, 2, \cdots, 9, \dfrac{1}{2}, \dfrac{1}{3}, \cdots, \dfrac{1}{9}$ 中随机抽取的，这样的 A' 是最不一致的。取充分大的子样得到 A' 的最大特征值的平均值 $\bar{\lambda}'_{\max}$，定义：$RI = \dfrac{\tilde{\lambda}'_{\max} - n}{n - 1}$。

表 4.1　对于 1~9 阶判断矩阵，Saaty 给出 RI 的值

n	1	2	3	4	5	6	7	8	9
RI	0	0	0.58	0.90	1.12	1.24	1.32	1.41	1.45

令 $CR = \dfrac{CI}{RI}$，则 CR 称为随机一致性比率。当 $CR < 0.10$ 时，认为判断矩阵具有满意的一致性，否则就必须重新调整判断矩阵，直至具有满意的一致性。这时计算出的最大特征值所对应的特征向量，经过标准化后，才可以作为层次单排序的权值。

（4）层次总排序及其一致性检验

计算同一层次所有因素对于最高层（总目标）相对重要性的排序权值，称为层次总排序。

| A 层元素 | A_1 | A_2 | A_3 | $\cdots$ | A_m |
| 权值 | a_1 | a_2 | a_3 | $\cdots$ | a_m |

B 层元素　　　B_1　B_2　B_3　$\cdots$　B_n

单排序权值　　b_{1j}　b_{2j}　b_{3j}　$\cdots$　b_{nj}（相对于 A_j）

B 层此总排序权值计算：

层次 A	A_1	A_2	$\cdots$	A_m	B 层次总排序权值
层次 B	a_1	a_2	$\cdots$	a_m	
B_1	b_{11}	b_{12}	$\cdots$	b_{1m}	$\sum\limits_{j=1}^{m} a_j b_{1j}$
B_2	b_{21}	b_{22}	$\cdots$	b_{2m}	$\sum\limits_{j=1}^{m} a_j b_{2j}$
$\vdots$	$\vdots$	$\vdots$		$\vdots$	
B_n	b_{n1}	b_{n2}	$\cdots$	b_{un}	$\sum\limits_{j=1}^{m} a_j b_{nj}$

层次总排序也要进行一致性检验:高层→低层。

设 B 层中的因素对 A_j 单排序的一致性指标为 $CI_j(j=1,2,\cdots,m)$,平均随机一致性指标 RI_j,则 B 层总排序随机一致性比率为

$$CR = \frac{\sum\limits_{j=1}^{m} a_j CI_j}{\sum\limits_{j=1}^{m} a_j RI_j} \; 。$$

当 $CR<0.1$ 时,认为层次总排序结果具有满意的一致性。

§4.2　层次分析法的应用

例 4-1　企业如何利用好利润,促进企业的发展。

解　首先,建立层次结构(见图 4-1);然后,构造判断矩阵;最后,求最大特征值、特征向量、一致性指标、随机一致性比率。

层次分析法应用图示:

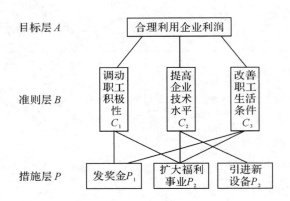

图 4-1 层次结构

判断矩阵 A—C:

表 4.2 A—C 关系图

A	C_1	C_2	C_3	W
C_1	1	$\frac{1}{5}$	$\frac{1}{3}$	0.105
C_2	5	1	3	0.637
C_3	3	$\frac{1}{3}$	1	0.258

$\lambda_{max}=3.038$, $CI=0.019$, $CR=0.033$

表 4.3 判断矩阵 C_1 — P

C_1	P_1	P_2	W
P_1	1	3	0.75
P_2	$\frac{1}{3}$	1	0.25

$\lambda_{max}=2$, $CI=0$, $CR=0$

表 4.4 判断矩阵 C_2 — P

C_2	P_2	P_3	W
P_2	1	$\frac{1}{5}$	0.167
P_3	5	1	0.833

$\lambda_{max}=2$, $CI=0$, $CR=0$

表 4.5　判断矩阵 $C_3 - P$

C_3	P_1	P_2	W
P_1	1	2	0.667
P_2	$\frac{1}{2}$	1	0.333

$\lambda_{\max} = 2$,　　$CI = 0$,　　$CR = 0$

各方案对促进企业发展的层次总排序：

层次 C / 层次 P	C_1	C_2	C_3	层次 P
	0.105	0.637	0.258	
P_1	0.75	0	0.667	$0.0875 + 0.172086 = 0.251$
P_2	0.25	0.167	0.333	0.218
P_3	0	0.833	0	0.513

总排序一致性检验：

$$CI = \sum_{j=1}^{m} a_j CI_j = \sum_{j=1}^{3} a_j CI_j = 0.105 \times 0 + 0.637 \times 0 + 0.258 \times 0 = 0,$$

$$CR = 0;$$

优先级：

$$P_3 \ > \ P_1 \ > \ P_2$$

$$\uparrow \qquad \uparrow \qquad \uparrow$$

$$53.1\% \quad 25.1\% \quad 21.8\%$$

在数学建模竞赛（Mathematical Contest in Modelling，简称 MCM）中：1992 年美国大学生 MCM 问题 B（应急电力修复系统），1993 年中国大学生 MCM 问题 B（足球队排名次问题）和 1995 年中国 MCM 问题 B（天车与冶炼炉的作业调度问题）都可采用层次分析方法进行建模与分析。

§4.3　残缺判断

在某些情况下，判断矩阵中有些元素信息缺少，那么如何进行修补？

显然一个判断矩阵的残缺程度对排序的正确性是有明显影响的。信息越少,排序的随意性越大。要能够进行排序,必须对残缺程度及其位置有一些限制;故要研究(1)什么样的残缺矩阵是"可接受的",(2)一个可接受的残缺判断应如何用于排序以及如何进行一致性检验。

(i) 残缺判断可接受的条件

定义 3(可接受矩阵的定义) 一个残缺判断矩阵称为是可接受的,如果它的任一残缺元素都可通过已给出的元素间接获得,否则就是不可接受的。

定义 4 方阵 A 若能用行列同时调换转化为 $\begin{bmatrix} A_1 & 0 \\ A_2 & A_4 \end{bmatrix}$ 形式,则 A 称为可约矩阵,否则 A 称为不可约矩阵,这里 A_1、A_4 都是方阵。

定理 3 一个残缺矩阵 A 是可接受的$\Leftrightarrow A$ 是不可约矩阵$\Leftrightarrow$强连接。

(ii)特征根法

对残缺判断矩阵 A 构造辅助矩阵 C,使得

$$C=(c_{ij})=\begin{cases} a_{ij}, & a_{ij}\neq\theta \ \text{且}\ i\neq j \quad (\theta\text{表示残缺元素}) \\ 1, & i=j \\ W_i/W_j, & a_{ij}=\theta \ \text{且}\ i\neq j \end{cases},$$

求特征值问题:$CW=\lambda_{\max}W\Leftrightarrow$求矩阵 $\bar{A}$ 的特征值问题,$\bar{A}$ 的元素为:

$$\bar{A}=(\bar{a}_{ij})=$$
$$\begin{cases} a_{ij}, & \text{当}\ a_{ij}\neq\theta\ \text{且}\ i\neq j \\ 0, & \text{当}\ a_{ij}=\theta \\ m_i+1, & \text{当}\ i=j, \quad i=1,2,\cdots,n, \ \text{其中}\ m_i\ \text{为}\ A\ \text{的第}\ i\ \text{行中残缺元素个数}。 \end{cases}$$

并有 $\bar{A}W=\lambda_{\max}W$。

$\bar{A}$ 称为 A 的等价矩阵。直接求 $\bar{A}$ 的特征根即可求得不完全信息下的排序向量。

例 4-2 设 $A=\begin{bmatrix} 1 & 2 & \theta \\ \frac{1}{2} & 1 & 2 \\ \theta & \frac{1}{2} & 1 \end{bmatrix}$,经验证可知,此矩阵是一个可接受残缺判断矩阵,

此时

$$C = \begin{bmatrix} 1 & 2 & W_1/W_3 \\ \dfrac{1}{2} & 1 & 2 \\ W_3/W_1 & \dfrac{1}{2} & 1 \end{bmatrix},$$

其等价矩阵

$$\bar{A} = \begin{bmatrix} 2 & 2 & 0 \\ 1/2 & 1 & 2 \\ 0 & 1/2 & 2 \end{bmatrix} ;$$

此时，C 与 $\bar{A}$ 有相同的 $\lambda_{\max}$ 及主特征向量 W。

故求解 $\qquad\qquad\qquad \bar{A}W = \lambda_{\max} W,$

得到

$$\lambda_{\max} = 3, \quad W = \begin{bmatrix} 0.5714 & 0.2857 & 0.1429 \end{bmatrix}^{\mathrm{T}}.$$

（iii）一致性检验

$\bar{A}$ 的一致性可用下面公式计算

$$CI = \frac{\lambda_{\max} - n}{(n-1) - \dfrac{\sum\limits_{i=1}^{n} m_i}{n}} \quad , \qquad\qquad (4.1)$$

当 $CR = \dfrac{CI}{RI} < 0.1$ 时，认为有满意的一致性。

从（4.1）式　$\Rightarrow$ 当 A 残缺时，只有当其他非残缺元素有较协调的判断时，才能满足总体一致性要求。

第 5 章　离散模型

§5.1　森林管理

问题：现有一片森林，如何进行有效的管理，使得每年的收益持续达到最大。

我们首先将森林中的树木价格按高度进行分类：

级别	价格	高度区间
1（幼苗）	0	$[0, h_1)$
2	p_2	$[h_1, h_2)$
3	p_3	$[h_2, h_3)$
$\vdots$	$\vdots$	$\vdots$
n	p_n	$[h_{n-1}, \infty)$

其中第 1 级是幼苗，它的高度区间是 $[0, h_1)$，第 n 级树木的高度大于或等于 h_{n-1}。

假设：（ⅰ）我们把森林中树木生长情况用高度级表示。

（ⅱ）初始时刻，森林中的树木有不同的高度分布。在一个生长期内，树木的高度有不同的增加，假若一年砍伐一次，要使每年都能维持收获，只能砍伐部分树木，留下的树木与补种的树苗，其高度状态与初始状态相同。设 $x_i (i=1,2,\cdots,n)$ 是每一次收获后，第 i 级中所保留的树木数（包括补种的树苗），$x \triangleq [x_1 \quad x_2 \quad \cdots \quad x_n]^{\mathrm{T}}$，非收获的向量。$y_i (i=1,2,\cdots,n)$ 是每次收获时第 i 级中被砍伐的棵数，$y \triangleq [y_1 \quad y_2 \quad \cdots \quad y_n]^{\mathrm{T}}$ 为收获向量。

（ⅲ）$x_1 + x_2 + \cdots + x_n = S$（总数）。

（ⅳ）i 级 $\xrightarrow{g_i}$ $i+1$ 级，没有死亡，且只升一级，其中 g_i 为比例系数。

高度分布：

$$[(1-g_1)x_1 \quad g_1x_1+(1-g_2)x_2 \quad g_2x_2+(1-g_3)x_3 \quad \cdots \quad g_{n-2}x_{n-2}+$$
$$(1-g_{n-1})x_{n-1} \quad g_{n-1}x_{n-1}+x_n]^{\mathrm{T}} \triangleq Gx，$$

其中 $G=\begin{bmatrix} 1-g_1 & 0 & 0 & \cdots & 0 & 0 \\ g_1 & 1-g_2 & 0 & \cdots & 0 & 0 \\ 0 & g_2 & 1-g_3 & \cdots & 0 & 0 \\ \vdots & \vdots & \vdots & & \vdots & \vdots \\ 0 & 0 & 0 & \cdots & 1-g_{n-1} & 0 \\ 0 & 0 & 0 & \cdots & g_{n-1} & 1 \end{bmatrix}$ 称为生长矩阵，

记 $R=\begin{bmatrix} 1 & 1 & 1 & \cdots & 1 \\ 0 & 0 & 0 & \cdots & 0 \\ \vdots & \vdots & \vdots & & \vdots \\ 0 & 0 & 0 & \cdots & 0 \end{bmatrix}$，则

$$Ry=\begin{bmatrix} y_1+y_2+\cdots+y_n \\ 0 \\ \vdots \\ 0 \end{bmatrix}$$ 每一次收获后幼苗分布状况。

根据维持每年收获的原则，即

（生长期末的状态）－（收获）＋（新的幼苗替换）＝（生长期开始的状态），

有　$Gx-y+Ry=x$　，　　　　即 $(I-R)y=(G-I)x.$

分量表示：

$$\begin{cases} y_2+y_3+\cdots+y_n=g_1x_1 \\ y_2=g_1x_1-g_2x_2 \\ \quad\vdots \\ y_{n-1}=g_{n-2}x_{n-2}-g_{n-1}x_{n-1}; \\ y_n=g_{n-1}x_{n-1} \end{cases}$$

收获总价值 $=p_2y_2+p_3y_3+\cdots+p_ny_n$

$$=p_2(g_1x_1-g_2x_2)+p_3(g_2x_2-g_3x_3)+\cdots$$
$$+p_{n-1}(g_{n-2}x_{n-2}-g_{n-1}x_{n-1})+p_ng_{n-1}x_{n-1};$$
$$=p_2g_1x_1+(p_3-p_2)g_2x_2+\cdots+(p_n-p_{n-1})g_{n-1}x_{n-1};$$

由 $y_i\geqslant 0$ 得 $g_1x_1\geqslant g_2x_2\geqslant\cdots\geqslant g_{n-1}x_{n-1}\geqslant 0$；

故得数学模型：

$$\begin{cases} \max \text{ 总价值} = p_2 g_1 x_1 + (p_3 - p_2) g_2 x_2 + \cdots + (p_n - p_{n-1}) g_{n-1} x_{n-1} \\ \text{约束于} \qquad x_1 + x_2 + \cdots + x_n = S, \\ \qquad\qquad g_1 x_1 \geqslant g_2 x_2 \geqslant \cdots \geqslant g_{n-1} x_{n-1} \geqslant 0, \\ \qquad\qquad x_i \geqslant 0, \quad (i = 1, 2, \cdots, n)。 \end{cases}$$

此优化问题可用线性规划的算法进行求解。

下面简单介绍一个可以直接求得解析解的特殊方法。

结论: 从某一个高度级中收获树木而不收获其他高度级中的树木,就可以得到最大收益。

(具体解法) 设 $\hat{S}_k$ 为收获第 k 级树木获利(不收获其他级的树木),砍伐第 k 级中的所有树木,而其他级中的树木均不获利,因此有

$$y_2 = y_3 = \cdots = y_{k-1} = y_{k+1} = \cdots = y_n = 0。$$

注意到:第 k 级树木是完全被收获的,当 $i \geqslant k$ 时,第 i 级中不存在非收获树木,即 $x_i = 0 (i \geqslant k)$,

即

$$\begin{cases} y_k = g_1 x_1 \\ 0 = g_1 x_1 - g_2 x_2 \\ 0 = g_2 x_2 - g_3 x_3 \\ \qquad \vdots \\ 0 = g_{k-2} x_{k-2} - g_{k-1} x_{k-1} \\ y_k = g_{k-1} x_{k-1} \end{cases}$$

$$\Rightarrow x_2 = \frac{g_1}{g_2} x_1, \quad x_3 = \frac{g_1}{g_3} x_1, \quad \cdots, \quad x_{k-1} = \frac{g_1}{g_{k-1}} x_1;$$

因为

$$x_1 + x_2 + \cdots + x_k + x_{k+1} + \cdots + x_n = S,$$

所以有

$$\left(1 + \frac{g_1}{g_2} + \frac{g_1}{g_3} + \cdots + \frac{g_1}{g_{k-1}}\right) x_1 = S。$$

得到

$$x_1 = \frac{S}{1 + \frac{g_1}{g_2} + \frac{g_1}{g_3} + \cdots + \frac{g_1}{g_{k-1}}}$$

$$\therefore \hat{S}_k = p_2 y_2 + p_3 y_3 + \cdots + p_k y_k + \cdots + p_n y_n = p_k y_k$$

$$= p_k S \cdot g_1 \cdot \frac{1}{1 + \frac{g_1}{g_2} + \frac{g_1}{g_3} + \cdots + \frac{g_1}{g_{k-1}}} = \frac{p_k S}{\frac{1}{g_1} + \frac{1}{g_2} + \frac{1}{g_3} + \cdots + \frac{1}{g_{k-1}}}。$$

例 5-1　已知森林中树木具有六年生长期,其生长矩阵为

$$G=\begin{bmatrix} 0.72 & 0 & & & & \\ 0.28 & 0.69 & 0 & & & \\ & 0.31 & 0.75 & 0 & & \\ & & 0.25 & 0.77 & 0 & \\ & & & 0.23 & 0.63 & 0 \\ & & & & 0.37 & 1.00 \end{bmatrix},$$

树木的价格:$p_2=50$ 元,$p_3=100$ 元,$p_4=150$ 元,$p_5=200$ 元,$p_6=250$ 元。问收获哪一些树木可以获得最大收益? 收益值是多少?

解　由生长矩阵可知:

$$g_1=0.28,g_2=0.31,g_3=0.25,g_4=0.23,g_5=0.37,$$

可计算:$\hat{S}_2=14.0S$,$\hat{S}_3=14.7S$,$\hat{S}_4=13.9S$,$\hat{S}_5=13.2S$,$\hat{S}_6=14.0S$。

所以,收获第三级中的树木,收益值为 $14.7S$ 元(最大)。

(请课后应用计算机去验证!)

课后练习题:在森林管理中,若假设部分树木的高度在一个周期内可升 1 级或 2 级,这时模型应作如何改动?

§5.2　网络流问题(Network Flow Problem)

此问题的实际背景来源于核电厂的管际空间蒸汽发生器中介质的流动。

所谓网络流就是每边赋有一值的有向图,如图 5-1 所示。用 A 表示有向图的边集,V 表示有向图的顶点集,用 $G(V,A)$ 表示有向图。

5.2.1　最大流问题(MFP)

它考虑的是,在已知网络各边容量(边赋值)的前提下,求解网络中两个指定顶点间的最大流量。例:当网络是通讯流时,我们可能会去求两个接点间的最大通话量;当网络是城市街道时,我们又可能会求两地间的最大交通流(单位时间内允许通过的车辆数)等等。

设已有一个网络 $G(V,A)$,A 中每边 (i,j) 上存在着一个相应的非负实数容量 $C(i,j)$,并指定两个点 $s,t\in V$,分别称它们为发点和收点。

据平衡条件有:

$$\underbrace{\sum_{(i,j)\in A_i^+}\phi(i,j)}_{流出}-\underbrace{\sum_{(i,j)\in A_i^-}\phi(i,j)}_{流入}=\begin{cases}v, & 若\ i=s\\ 0, & 若\ i\neq s,t\\ -v, & 若\ i=t\end{cases} \qquad ①$$

$$\phi(i,j)\leqslant C(i,j,)\quad \forall\ (i,j)\in A \qquad ②$$

其中

A_i^+:指 A 中以顶点 i 为起点的边集;

A_i^-:指 A 中以 i 为终点的边集。

MFP 问题为:在约束 ① 和 ② 下求网络流 ϕ,使得 v 达到最大。

我们先引入一些概念及符号:

设 P、Q 为 V 的两个不相交的子集,用 (P,Q) 表示发点在 P,收点在 Q 的边集。

记

$$\phi(P,Q)=\sum_{i\in P,j\in Q}\phi(i,j)(总流量),C(P,Q)=\sum_{i\in P,j\in Q}C(i,j)(总容量)。$$

定义(切割):设 P 是网络 G 的一个真子集,记 $\overline{P}$ 为 P 关于 V 的补集,若 P、$\overline{P}$ 满足 $s\in P$ 且 $t\in\overline{P}$,则称之为 V 的一个切割。

举例如下(见图 5-2～图 5-5):

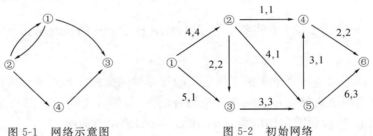

图 5-1　网络示意图　　　　　图 5-2　初始网络

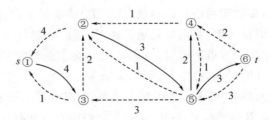

图 5-3　图 5-2 的增广网络,实践代表正规边,虚线代表增广边。

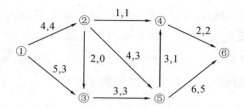

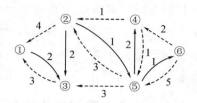

图 5-4　用图 5-3 的增 广路①→③→
②→⑤→⑥改进得到的网络

图 5-5　图 5-4 的增广网络,实线
代表正规边,虚线代表增广边
(已找不到①→⑥的通路)

已知图 5-2 网络图,我们取 $P=\{1,2,3,4\}$,$\bar{P}=\{5,6\}$;显然,P、$\bar{P}$ 是网络
的一个切割,可计算出:

$$\phi(P,\bar{P})=2+1+3=6,\phi(\bar{P},P)=1,$$

而

$$C(P,\bar{P})=2+4+3=9;$$

所以,在这样的分割下,对应的流量 $v=6-1=5$。

一般可以证明:

(i) $v=\phi(P,\bar{P})-\phi(\bar{P},P)\leqslant C(P,\bar{P})$;

(ii) $\max v\leqslant C(P,\bar{P})$.

若能找到一个 G 的切割 $P,\bar{P}$,使得 $\phi(P,\bar{P})=C(P,\bar{P})$,则 ϕ 必是网络的
最大流,而 $P,\bar{P}$ 则必是最小容量的切割。

为了尽可能地增大网络上的流量,作 $G'(\phi)$:它与 G 具有同样的顶点并具
有相同发点和收点的增广网络,G' 含两类边:

(1)(正规边)若 $(i,j)\in A$ 且 $\phi(i,j)<C(i,j)$,作正向边 (i,j),并规定边容
量 $C'(i,j)=C(i,j)-\phi(i,j)$,即剩余容量;

(2)(增广边)若 $(i,j)\in A$,且 $\phi(i,j)>0$,作反向边 (j,i),规定边容量
$C'(j,i)=\phi(i,j)$,$C'(j,i)$ 事实上是 (i,j) 边最多可减少的流量。

如果在增广网络 G' 上存在着由 $s\to t$ 的通路 μ(称为原网络的一条增广
路),记 $\alpha=\min\limits_{(i,j)\in\mu} C'(i,j)$。

定理 1　网络 G 上的流是最大流$\Leftrightarrow$其增广网络上不存在任何由 $s\to t$ 的通路。

定理 2(最大最小切割定理)　任一由 $s\to t$ 的流量 v 不大于任一切割的容
量 $C(P,\bar{P})$,而最大流则等于最小切割容量。

等价的表达:

ϕ 为最大流且 $P,\bar{P}$ 为最小切割$\Leftrightarrow$(1) $\forall (j,i)\in(\bar{P},P)$ 有 $\phi(j,i)=0$;

(2) $\forall (i,j)\in(P,\bar{P})$,有 $\phi(i,j)=C(i,j)$.

如果在增广网络 G' 上存在由 $s \to t$ 的通路 μ（称为原道路的一条增广路），记 $\alpha = \min\limits_{(i,j) \in \mu} C'(i,j)$，则 $\alpha > 0$，那么只要在 μ 中的一切正规边对应原网络 G 的边上增加流量 α，而在 μ 中每一个增广边 (j,i) 对应原网络 G 的边 (i,j) 上减少流量 α，即可得到 G 上一个由 $s \to t$ 的更大流，于是原网络得到了改进。

5.2.2 最小费用最大流问题

问题可叙述为：对网络 $G(V,A)$ 中的每一条边 (i,j)，赋予一个边容量 $C(i,j)$ 和单位流量边费用 $l(i,j)$，希望求出由 $s \to t$ 的网络流 ϕ，使总费用最少，即

$$L(\phi) = \min_{\text{最大流}\phi}\left\{\sum_{(i,j) \in A} l(i,j)\phi(i,j)\right\}.$$

算法：可将求最大流的算法稍作改动，可用来求最小费用最大流问题。

（具体做法）首先作增广网络 G'，其次还要对 G' 中的每条边 (i,j) 规定一个相应的单位费用 $l'(i,j)$：

（1）对 G' 的正规边，规定 $l'(i,j) = l(i,j)$；

（2）对 G' 的增广边，规定 $l'(i,j) = -l(i,j)$。如果 G' 中存在着 $s \to t$ 的增广路 μ，则计算出此增广路的单位流费用：$l(\mu) = \sum\limits_{(i,j) \in \mu} l'(i,j)$；

最后，当 G' 中存在多于一条增广路时，则找出其中单位流费用最小的一条来，利用这条增广路作出改进 G 的网络流。

定理 3 设 ϕ 是总流量为 v 的最小费用流，μ 是 G' 中由 $s \to t$ 的最小单位费用的增广路，α 是 μ 的最小边容量，则根据此增广路作出的改进网络流必是 G 上总流量为 $v + \alpha$ 的最小费用流。（证略）

例 5-2 工头派工问题：现有 3 位工人，分别记作 A、B、C，他们都只能选一个地方派工，且 A,B,C 对应地方不能重叠。见图 5-6。

解法 1（贪婪解法） 假定工头是一位贪婪而且目光短浅的人，他按下面方法派工：分三步考虑，每步均采取当前最好的结果，即先将 C 派给 y，去掉 C、y 及他们相连的边；再将 B 派给 x，最后只好将 A 派给 z，总共得 34 万元。

如果列举所有的可能，最优：C 派给 x，A 派给 y，B 派给 z，共获得 57 万元。（枚举法）

然而，当 n（地方数）很大时，需作 $n!$ 次对比。当 $n = 30$ 时，$30! \approx 2.65 \times 10^{32}$，在 1 亿次/秒的计算机上需算 8.4×10^{16} 年。而工头用贪婪法只需作 $O(n^2)$ 运算，所得的结果可至少获得最大利益的 50%，而实际上已达 60% 左右。

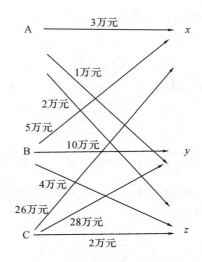

图 5-6 原始费用分布

解法 2(网络流解法)

①增加发点 s 和收点 t,将原图中的边改为有向边(由工人指向派工地),所有边容量均取 1。找出最大收益数(28 万元),以此数减去每边原有的收益数,将差作为边费用(见图 5-7)。将问题转化为最小费用最大流问题(见图 5-8)。

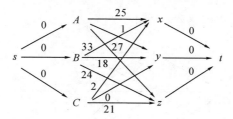

图 5-7 边费用分布

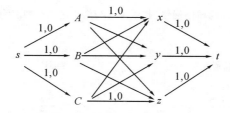

图 5-8 初始网络流,所有边上都赋予"1,0"。

②图 5-8 的增广网络 G'（见图 5-9）

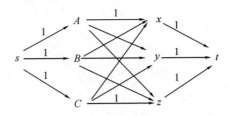

图 5-9　图 5-8 的增广网络皆为正规边,边容量皆为 1

容易找到最小费用的增广路。$s \to c \to y \to t$,最小边容量为 1,用此增广路改进图 5-8 的网络流得到图 5-10

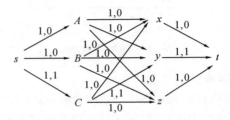

图 5-10　改进图 5-8 后得到的网络

③图 5-10 的增广网络 G''（见图 5-11）

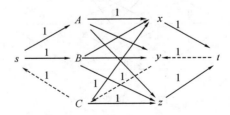

图 5-11　图 5-10 的增广网络,其中虚线为增广边,其费用为原来的(-1)倍

分析:

通路	费用
(i) $s \to A \to x \to t$	25
(ii) $s \to A \to y \to c \to x \to t$	$1+2=3$
$\searrow z \to t$	$1+21=22$

(iii) $s \to A \to z \to t$	27
(iv) $s \to B \to x \to t$	23
(v) $s \to B \to y \to c \to x \to 5$	$(8+0+2+0)=20$
$\searrow z \to t$	$(8+0+21+0)=39$
(vi) $s \to B \to z \to t$	24

∴最小费用的通路是(ii),即 $s \to A \to \underset{\text{增广边}}{\underbrace{y \to c}} \to x \to t$ 最小边容量为 1,于是用

此增广路改进图 5-10 的网络流。

得到图 5-12:

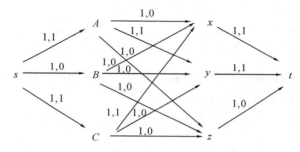

图 5-12　改进图 5-10 得到的网络

④图 5-12 的增广网络 G''(见图 5-13)

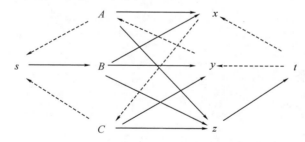

图 5-13　图 5-12 的增广网络,其中边容量为 1,虚线部分为增广边,
其费用为原来费用的(−1)倍

分析:

通路	费用
(i) $s \to B \to x \to c \to y \to A \to x \to c \to z \to t$	64
(ii) $s \to B \to x \to c \to z \to t$	42
(iii) $s \to B \to y \to A \to x \to c \to z \to t$	61

（iv）$s \rightarrow B \rightarrow z \rightarrow t$ 24

（v）$s \rightarrow B \rightarrow y \rightarrow A \rightarrow z \rightarrow t$ 42

∴最小费用最大流的增广路是 $s \rightarrow B \rightarrow z \rightarrow t$，最小的边容量是 1，于是用此增广路改进图 5-12 的网络流得到图 5-14；

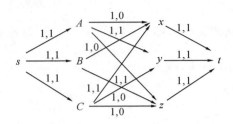

图 5-14 改进图 5-12 得到的网络

显然图 5-14 的增广网络不存在 $s \rightarrow t$ 的通路，故图 5-14 达到了最小费用最大流。图 5-14 的网络流的费用：

$s \rightarrow A \rightarrow y \rightarrow t$ 的费用＋$s \rightarrow B \rightarrow z \rightarrow t$ 的费用＋$s \rightarrow C \rightarrow x \rightarrow t$ 的费用＝1＋24＋2＝27；

所以，最多可得的收益数＝$3 \times 28 - 27 = 57$（万元），即 A 派给 y，B 派给 z，C 派给 x。

第 6 章 聚类分析

聚类分析又称为群分析,是按照某种"原则"将不同的"对象"归并为"类"的一种数学方法。

这里所说的"对象"一般泛指两个方面的内容:

(1)"个体":比如 n 个工厂、n 个人、n 件产品、n 个地区等;

(2)"指标":比如工厂中的某产品的产量、质量等级,又如人的身高、体重、年龄、职业、性别、爱好等。

首先,要明确"相似"的含意,比如一副扑克 52 张,若按花色分类,可以分为四类:黑桃、红桃、梅花、方块;若按学习成绩分,则可分为优、良、中、差四类;但若按业余爱好分,则可分为体育、音乐、诗画、研讨、调查、访问等多类。总之,对"相似"性的度量有各种不同的定义。

§6.1 相似性度量

例 6-1 我们要对 5 个人进行分类,现有统计资料如下:

表 6-1

编号	身高/cm	体重/kg	性别	职业
1	170	61	(女)0	工人(1)
2	168	60	(女)0	干部(2)
3	173	65	(男)1	工人(1)
4	175	64	(男)1	干部(2)
5	169	62	(男)1	教授(3)

从表 6-1 中看出,个体个数为 $n=5$,指标个数为 $p=4$。5 个个体,每个个体有四项指标,就构成一个 5×4 的矩阵,记作:

$$X = \begin{bmatrix} 170 & 61 & 0 & 1 \\ 168 & 60 & 0 & 2 \\ 173 & 65 & 1 & 1 \\ 175 & 64 & 1 & 2 \\ 169 & 62 & 1 & 3 \end{bmatrix}; \text{一般 } X_{n \times p} = \begin{bmatrix} x_{11} & x_{12} & \cdots & x_{1p} \\ x_{21} & x_{22} & \cdots & x_{2p} \\ \vdots & \vdots & & \vdots \\ x_{n1} & x_{n2} & \cdots & x_{np} \end{bmatrix}$$

其中 n 为个体数，p 为指标数，x_{ij} 表示第 i 个个体的第 j 项指标的观察值。

记 X 的第 k 列为 $x_k = \begin{bmatrix} x_{1k} & x_{2k} & \cdots & x_{nk} \end{bmatrix}^{\mathrm{T}}$，它表示第 k 项指标的 n 次观察值。

由例6-1看出指标 —— 定量：如身高、体重；

—— 定性：性别、职业。

一般地，指标可分为如下三类。

(1)间隔尺度。如身高、体重；即变量可以用连续的数值表示。

(2)有序尺度。如评价就可分为好、中、坏三等；又如棉花质量可分为一、二、三等。即变量可以用有序的等级号来表示，而没有明确的数量表示。

(3)名义尺度。如业余爱好有体育、音乐、诗画等；又如人的职业有工人、干部、教师等。即变量不能用数量表示，也没有次序关系，这时往往给予数字符号予以区别。

6.1.1　个体(样品)间相似度

把第 i 个个体看作是 p 维空间中的一点，用距离来衡量个体间的相似度。

(1)欧氏距离

第 i 个个体与第 j 个个体间的欧氏距离为

$$d_{ij} = \left[\sum_{k=1}^{p} (x_{ik} - x_{jk})^2 \right]^{\frac{1}{2}}。$$

(2)标准化距离

若记第 k 个变量的均值为 $\overline{x_k}$，则其子样方差为

$$S_k^2 = \frac{1}{n-1} \sum_{i=1}^{n} (x_{ik} - \overline{x_k})^2,$$

于是第 i 个个体与第 j 个个体间的标准化距离为

$$d_{ij}^* = \left[\sum_{k=1}^{p} \frac{(x_{ik} - x_{jk})^2}{S_k^2} \right]^{\frac{1}{2}}.$$

（3）闵可夫斯基距离

第 i 个个体与第 j 个个体间的闵可夫斯基距离为

$$\widetilde{d}_{ij} = \left[\sum_{k=1}^{p} |x_{ik} - x_{jk}|^q \right]^{\frac{1}{q}} , \quad (q > 0).$$

（1）、（2）、（3）为距离指标，其数值越小表示 i 个个体与第 j 个个体间越相似。

6.1.2　变量（指标）间的相似度

（1）对于间隔尺度的变量

我们用变量 k 与变量 l 间的相关系数来描述变量间的相似程度

$$r_{kl} = \frac{\sum_{i=1}^{n} (x_{ik} - \overline{x_k})(x_{il} - \overline{x_l})}{\left[\sum_{i=1}^{n} (x_{ik} - \overline{x_k})^2 \cdot \sum_{i=1}^{n} (x_{il} - \overline{x_l})^2 \right]^{\frac{1}{2}}};$$

$r_{kl} \approx 1$ 相似；

$r_{kl} \approx 0$ 不相似（相似程度差）。其中 $\overline{x_k}$ 和 $\overline{x_l}$ 分别表示变量 x_k 和 x_l 的均值。

（2）对于有序尺度变量，常用 $G-K$ 量来度量其相似程度。如变量 k 与 l 间的 $G-K$ 量为

$$r_{kl}' = \frac{S-D}{S+D},$$

其中 S 表示变量 k 与变量 l 的相应分量中顺序一致的个数，而 D 表示顺序不一致的个数。

显然，若 $r_{kl}' < 0$，则其值越接近于 0 表示二变量越相似；若 $r_{kl}' > 0$，则其值越接近于 1 表示二变量越相似。

例 6-2　现有 10 名学生的体育能力成绩统计表如下（只分 1、2、3 等），求变量间的相似度。

表 6-2

编号	1（走）	2（跑）	3（投掷能力）	4（耐力）
1	3	3	1	2
2	2	2	3	3

续表

编号	1(走)	2(跑)	3(投掷能力)	4(耐力)
3	3	2	3	1
4	3	1	1	3
5	2	2	1	1
6	2	1	2	2
7	2	2	1	2
8	2	3	3	2
9	3	2	1	1
10	2	2	2	1

这里对变量 1 与 2 而言,有 $S=5$、$D=5$,故 $r'_{12}=0$;

而对变量 2 与 3 而言,有 $S=3$、$D=7$,所以 $r'_{23}=\dfrac{3-7}{3+7}=-0.4$;

同理 $r'_{34}=-0.2$;

$r'_{13}=-0.4$;

$r'_{14}=-0.2$;

$r'_{24}=-0.8$。

可见,相对而言,变量 1 与 2 之间的相似度比其他都大。

(3)对名义尺度度量。由于不能用数值表示,又不分次序,如人的眼睛颜色只分黑色、蓝色、棕色等,这时往往要借用列联表的形式,先求出一个统计量 χ^2 的值,然后以它为基础求出相似系数。

*下面介绍统计量 χ^2 的定义。一般地,设变量 K 有 m 个状态 $u_1,u_2,\cdots,u_m$,变量 l 有 c 个状态 $v_1,v_2,\cdots,v_c$,而 n_{ij} 表示变量 K 取 u_i 而变量 l 取 v_j 时的个数,于是可得到如下形式的 $m\times c$ 列联表(见表 6-3):

表 6-3 $m\times c$ 列联表

K ＼ l	v_1	v_2	$\cdots$	v_c	$\sum$
u_1	n_{11}	n_{12}	$\cdots$	n_{1c}	$n_{1.}$
u_2	n_{21}	n_{22}	$\cdots$	n_{2c}	$n_{2.}$
$\vdots$	$\vdots$	$\vdots$	$\vdots$	$\vdots$	$\vdots$
u_m	n_{m1}	n_{m2}	$\cdots$	n_{mc}	$n_{m.}$
$\sum$	$n_{.1}$	$n_{.2}$	$\cdots$	$n_{.c}$	$n_{..}=\sum\limits_{i=1}^{m}\sum\limits_{j=1}^{c}n_{ij}$

统计量

$$\chi^2 = n_{\cdot\cdot} \Big[\sum_{i=1}^{m} \sum_{j=1}^{c} \frac{n_{ij}^2}{n_{i\cdot} \cdot n_{\cdot j}} - 1 \Big]。$$

建立在 χ^2 基础上的相似系数有

① 平均平方根一致系数：$r_{Kl}^{*} = \left(\dfrac{\chi^2}{n_{\cdot\cdot}} \right)^{\frac{1}{2}}$；

② 联列表系数：$\qquad r_{Kl}^{(*)} = \left(\dfrac{\chi^2}{\chi^2 + n_{\cdot\cdot}} \right)^{\frac{1}{2}}$。

例 6-3　设变量 K 只分两种状态：u_1（吸烟）与 u_2（不吸烟）；变量 l 也只分两种状态：v_1（男人）与 v_2（女人）；且有如下的统计表

表 6-4　2×2 列联表

K ＼ l	v_1（男人）	v_2（女人）	$\sum$
u_1（吸烟）	$a(263)$	$b(4)$	$a+b(267)$
u_2（不吸烟）	$c(97)$	$d(42)$	$c+d(139)$
$\sum$	$a+c(360)$	$b+d(46)$	$n=a+b+c+d(406)$

则有　　$\chi^2 = \dfrac{n(ad-bc)^2}{(a+b)(c+d)(a+c)(b+d)} = \dfrac{406 \times (11046-388)^2}{267 \times 139 \times 360 \times 46}$
$=75.04$，

故得到：　　$r_{Kl}^{*} = \left(\dfrac{\chi^2}{n_{\cdot\cdot}} \right)^{\frac{1}{2}} = \left(\dfrac{75.04}{406} \right)^{\frac{1}{2}} \approx 0.43$，

$r_{Kl}^{(*)} = \left(\dfrac{\chi^2}{\chi^2 + n_{\cdot\cdot}} \right)^{\frac{1}{2}} = \left(\dfrac{75.04}{75.04+406} \right)^{\frac{1}{2}} \approx 0.39$。

§6.2　谱系聚类法

谱系聚类法就是一种聚合的过程。首先将每一个研究对象（个体或变量）看成自成一类，按照某种顺序分别称作第 1，第 2，…，第 h 类（如果对象是个体,则 $h=n$;如果对象是变量,则 $h=p$),然后根据对象间的相似度,将 h 类中最相似的两类合并,组成为一个新类,我们得到 $h-1$ 类,再在这 $h-1$ 类中找出最相似的两类合并,得到 $h-2$ 类,如此下去,直至将所有的对象合并为一个大类为止。

引进两类之间度量其相似的度,"距离"或"相似系数"。

定义 1 设 G_r 和 G_s 为两个类,它们之间的最短距离为
$$D_1=\min\{d_{ij}\mid i\in G_r,j\in G_s\},$$
其中 d_{ij} 为类 G_r 中第 i 个样品与 G_s 中第 j 个样品间的距离。

定义 2 类 G_r 与类 G_s 之间的最长距离为
$$D_2=\max\{d_{ij}\mid i\in G_r,j\in G_s\}。$$

定义 3 类 G_r 与类 G_s 之间的平均平方距离为
$$D_3(r,s)=\frac{1}{n_r\cdot n_s}\sum_{i\in G_r}\sum_{j\in G_s}d_{ij}^2,$$
其中 n_r 和 n_s 分别为 G_r 与 G_s 包含的样品数。

定义 4 类 G_r 与类 G_s 之间的最大相似系数为 $R_1=\max\{r_{ij}\mid i\in G_r,j\in G_s\}$,最小相似系数为
$$R_2=\min\{r_{ij}\mid i\in G_r,j\in G_s\},$$
其中 r_{ij} 为类 G_r 中第 i 个变量与类 G_s 中第 j 个变量间的相似系数。

谱系聚类法的具体步骤如下:

(1)构造 h 个类,每个类中只含一个对象;

(2)根据前面的公式算出两两对象间的距离(记为 d_{ij},$i,j=1,2,\cdots,h$),并写出距离对称阵:

$$D^{(0)}=\begin{bmatrix} *^{(0)} & d_{21} & \cdots & d_{h1} \\ d_{21} & *^{(0)} & \cdots & d_{h2} \\ \vdots & \vdots & & \vdots \\ d_{h1} & d_{h2} & \cdots & *^{(0)} \end{bmatrix}\begin{matrix}(1)\\(2)\\\vdots\\(h)\end{matrix};$$

(3)在距离矩阵 $D^{(0)}$ 中寻出最小值,记作 d_{i_1,j_1},于是将对象 i_1 与 j_1 合并成一个新类,称作第 $h+1$ 个类,而原来的第 i_1,j_1 类被取消,这样得到 $h-1$ 个类;

(4)计算新类与剩余各类的距离(此时根据不同的距离公式,得到不同的聚类方法),其他各类间距离不变,于是得到降一阶的新距离矩阵:
$$D^{(1)}=(d_{ij}^{(1)})_{(h-1)\times(h-1)};$$

重复进行第三、四步,直到剩余类的个数为 1 或距离高于类临界值为止;

(5)画出聚类图;

(6)确定出类的个数和类。

例 6-4 现有 5 个样品,每个只有一个指标,它们分别是 1,2,4.5,6,8。试将它们分类。

解:第一步,将 5 个样品各记为一类:$G_1=\{1\}$,$G_2=\{2\}$,$G_3=\{4.5\}$,$G_4=\{6\}$,$G_5=\{8\}$;

第二步,计算任两类之间的距离(欧氏距离),得到距离矩阵,即为

$$D^{(0)}=\begin{pmatrix} * & 1 & 3.5 & 5 & 7 \\ 1 & * & 2.5 & 4 & 6 \\ 3.5 & 2.5 & * & 1.5 & 3.5 \\ 5 & 4 & 1.5 & * & 2 \\ 7 & 6 & 3.5 & 2 & * \end{pmatrix};$$

第三步,在 $D^{(0)}$ 中找出最优值为 $d_{21}=1$,所以合并类 G_1 与 G_2 成为新类 $G_6=\{1,2\}$,原类 G_1,G_2 取消;

第四步,(以下因采用的方法不同做到第四步有较大差异)现取最短距离法为例,此时

$$D_1(6,3)=\min\{d_{13},d_{23}\}=\min\{3.5,2.5\}=2.5$$
$$D_1(6,4)=\min\{d_{14},d_{24}\}=\min\{5,4\}=4$$
$$D_1(6,5)=\min\{d_{15},d_{25}\}=\min\{7,6\}=6$$

从而得到降一阶的新距离矩阵。

$$D^{(1)}=\begin{matrix} (6) & (3) & (4) & (5) \\ \begin{pmatrix} * & 2.5 & 4 & 6 \\ 2.5 & * & 1.5 & 3.5 \\ 4 & 1.5 & * & 2 \\ 6 & 3.5 & 2 & * \end{pmatrix} & \begin{matrix} (6) \\ (3) \\ (4) \\ (5) \end{matrix} \end{matrix};$$

重复第三步,在 $D^{(1)}$ 中找出最小者为 $d_{43}=1.5$,于是又将类 G_3 与类 G_4 合并成为第 7 类 $G_7=\{4.5,6\}$,而取消原来的这两个类,再重复第四步,算出 G_7 与剩余类 G_5 与 G_6 的新距离:

$$D_1(7,6)=\min\{d_{36},d_{46}\}=\min\{2.5,4\}=2.5$$
$$D_1(7,5)=\min\{d_{35},d_{45}\}=\min\{3.5,2\}=2$$

又得再降一阶的新距离矩阵:

$$\begin{array}{ccc} (6) & (7) & (5) \end{array}$$

$$D^{(2)} = \begin{pmatrix} * & 2.5 & 6 \\ 2.5 & * & 2 \\ 6 & 2 & * \end{pmatrix} \begin{matrix} (6) \\ (7) \\ (5) \end{matrix} \quad ;$$

再重复第三步,在 $D^{(2)}$ 中找出最小值为 $d_{75}=2$,再将类 G_7 与类 G_5 合并为第 8 类 $G_8 = \{4.5,6,8\}$,并算出类 G_8 与唯一剩余类 G_6 的新距离:

$$D_1(8,6) = \min\{d_{76},d_{56}\} = \min\{2.5,6\} = 2.5,$$

$$\begin{array}{cc} (6) & (8) \end{array}$$

$$D^{(3)} = \begin{pmatrix} * & 2.5 \\ 2.5 & * \end{pmatrix} \begin{matrix} (6) \\ (8) \end{matrix} \quad ;$$

最后,将类 G_6 与类 G_8 合并成为一大类 G_9,整个聚类过程结束;

第五步,画出聚类图;

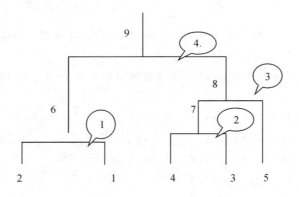

第六步,决定类的个数和类。

谱系聚类方法的优点:直观,易懂;而其缺点:需存放距离矩阵和较多的存贮单元。

课后练习题:若在例 6-4 求解中,将类与类之间的距离改为最长距离,则模型应作如何改动?

第 7 章 对策模型

§7.1 合作对策模型

例 7-1 现有三城镇(城 1、城 2、城 3),需要合建污水处理厂。设 Q 表示污水量,单位为米^3/秒;L 表示管道长度,单位为公里;

$$建厂费:C_1=730Q^{0.712} \quad (千元);$$

$$管道费用:C_2=6.6Q^{0.51}L \quad (千元);$$

已知三城镇(城 1、城 2、城 3)的污水量分别为:$Q_1=5$ 米^3/秒;$Q_2=3$ 米^3/秒,$Q_3=5$ 米^3/秒;城 1 与城 2 之间的距离为 20 公里,城 2 与城 3 之间的距离为 38 公里;城 1 在上游,城 3 在下游,城 2 在中间,污水从城 1 流向城 2、再从城 2 流向城 3。问三城镇应怎样处理污水使总开支最少,又每一城镇负担的费用应各为多少?

解 现有下面五种合作方案。

(1)单干:各个城镇所需的费用分别为:2300 千元、1600 千元、2300 千元,总共 6200 千元;

(2)城 1—城 2 合建,建在 2 处,城 3 单建,总共花费 5800 千元;

(3)城 2—城 3 合建,建在 3 处,城 1 单建,总共花费 5950 千元;

(4)城 1—城 3 合建于城 3 处,城 2 单建,总共花费 6230 千元;

(5)三城合建于城 3 处,总共花费 5560 千元(这个方案总开支最少)。

下面是各城提出的分摊费用设想。

城 3:建设费用按污水量之比 5∶3∶5 分摊,但管道费应由城 1 和城 2 出;

城 2:同意城 3 意见,城 2—城 3 的管道费可按污水量 5∶3 分摊,但城 1—城 2 的管道费用应由城 1 出;

城 1:认为分摊合乎一定的道理,但它私下计算了一下,它所要承担的费用：

联合建厂：$730 \times (5+3+5)^{0.712} = 4530$（千元），

城 1 负担为 $\frac{5}{13} \times 4530 \approx 1742$（千元）；

城 1—城 2 管道费 $6.6 \times 5^{0.51} \times 20 \approx 300$（千元）

（全部由城 1 出）；

城 2—城 3 管道费 $6.6 \times (5+3)^{0.51} \times 38 \approx 724$（千元），

城 1 负担 $\frac{5}{8} \times 724 = 425.5$（千元）。

总共城 1 负担 2467 千元，但单独建厂只需 2300 千元，故城 1 不接受。

怎样找出一个合理的分摊原则以保证合作实现呢？下面我们给出 n 个人合作对策模型。

（合作对策模型） 设有一个含 n 人的集合 $I = \{1, 2, \cdots, n\}$，其元素是某一合作的可能参加者。

（1）对于每一子集 $S \subset I$，对应地可以确定一个实数 $V(S)$，此数代表如果 S 中人参加此项合作，则此合作的总获利为 $V(S)$，要求 $V(S)$ 满足：

$V(\varnothing) = 0$（设没有人参加合作，合作获利不能实现），

$V(S_1 \cup S_2) \geqslant V(S_1) + V(S_2)$ 其中 $\forall S_1, S_2$ 满足 $S_1 \cap S_2 = \varnothing$ 皆成立；

（2）定义合作任何 $V(S)$ 分配为

$$\phi(V) = (\varphi_1(V), \cdots, \varphi_n(V)),$$

其中 $\varphi_i(V)$ 表示第 i 个人在这种合作下分配的获利（$i = 1, 2, \cdots, n$）。

1953 年，Shapley 在以下公理下建立了合理分配公式。

公理 1：合作获利对每人的分配与此人的标号无关；

公理 2：$\sum_{i=1}^{n} \varphi_i(V) = V(I)$，即每人分配数的总和等于总获利数。

公理 3：若对所有包含 i 的子集 S 有

$$V(S - \{i\}) = V(S)$$

则 $\varphi_i(V) = 0$。即若 i 在他参加的任一合作中均不作出任何贡献，则他不应从合作中获利。

公理 4：若此 n 个人同时进行两项互不影响的合作，则两项合作的分配也应互不影响，每人的分配额即两项合作单独进行时应分配数的和。

在公理 1—4 下，这样的 $\phi(V)$ 是唯一存在的，且为

$$\varphi_i(V) = \sum_{S \in S_i} W(|S|) \cdot [V(S) - V(S - \{i\})], \quad (i = 1, 2, \cdots, n),$$

其中 S_i 是 I 中包含 i 的一切子集所成的集合，$|S|$ 表示集合 S 中的元素个数，$W(|S|) = \dfrac{(|S| - 1)! \, (n - |S|)!}{n!}$，而 $V(S) - V(S - \{i\})$ 可看作第 i 个人在合作 S 中所作的贡献，$W(|S|)$ 可看作是权因子。

可以证明：$\varphi_i(V) \geqslant V(\{i\})$。

回到三城镇污水处理问题：

$$S_1 = \{\{1\}, \{1, 2\}, \{1, 3\}, \{1, 2, 3\}\}$$

S	$\{1\}$	$\{1, 2\}$	$\{1, 3\}$	$\{1, 2, 3\}$
$V(S)$	0	400	0	640
$V(S - \{1\})$	0	0	0	250
$V(S) - V(S - \{1\})$	0	400	0	390
$|S|$	1	2	2	3
$W(|S|)$	1/3	1/6	1/6	1/3
$W(|S|) \cdot [V(S) - V(S - \{1\})]$	0	67	0	130

$\Rightarrow \varphi_1(V) = 67 + 130 = 197$（千元），

故城 1 应承担 $2300 - 197 = 2103$（千元）。

课后练习题：请计算出例 7-1 中城 2 和城 3 所需要分摊的费用。

§7.2　捕食系统的沃尔特拉（Volterra）方程

20 世纪 20 年代，意大利著名生物学家 U. D′Ancona 在研究中发现：在第一次世界大战期间从地中海捕获的鱼中，鲨鱼等食肉鱼所占的比例十分明显上升。他认为这一现象决非偶然，它是由于战争期间捕鱼量减少造成的。可是，为什么捕鱼量减少，食用鱼反而减少呢？

Volterra 将鱼分为两大类：食用鱼类（prey）和食肉鱼（predator）类，用 $x_1(t)$（食用鱼）和 $x_2(t)$（食肉鱼）分别表示 t 时刻两者的数量。他假设如果没有食肉鱼，食用鱼的净相对增长率为一正常数 k_1，如果没有食用鱼，食肉鱼的净相对增长率为一负常数 $-k_2$。此外，据统计规律，两类鱼相遇的机会正比于

x_1 与 x_2 的乘积。于是

$$\begin{cases} \dfrac{\mathrm{d}x_1}{\mathrm{d}t} = k_1 x_1 - b x_1 x_2 = x_1(k_1 - b x_2) \\[2mm] \dfrac{\mathrm{d}x_2}{\mathrm{d}t} = -k_2 x_2 + c x_1 x_2 = x_2(-k_2 + c x_1) \end{cases}, \qquad (7.1)$$

其中 k_1, k_2, b, c 均为正常数。

在本模型(7.1)中,我们关心的是两个相互制约的鱼类在变化过程中的总趋势,即我们关心的是微分方程组(7.1)是否有平衡点,以及平衡点是否稳定,这是我们建模的目的。

显然,(7.1)的非平凡的平衡点 $A\left(\dfrac{k_2}{c}, \dfrac{k_1}{b}\right)$。

又

$$\frac{\mathrm{d}x_1}{\mathrm{d}x_2} = \frac{x_1(k_1 - b x_2)}{x_2(-k_2 + c x_1)},$$

其解为

$$(x_1^{k_2} \mathrm{e}^{-cx_1})(x_2^{k_1} \mathrm{e}^{-bx_2}) = s \quad (任意常数)。 \qquad (7.2)$$

可以证明(7.2)式在相平面 $x_1 - x_2$ 中是一条闭曲线,即(7.1)式具有周期解。

记 $T = t_1 - t_0$ 为周期,并对 $\dfrac{\frac{\mathrm{d}x_2}{\mathrm{d}t}}{x_2} = -k_2 + c x_1$,两边由 t_0 到 t_1 积分,得到

$$-k_2 T + c \int_{t_0}^{t_1} x_1(t)\,\mathrm{d}t = \ln \frac{x_2(t)}{x_1(t)} = 0,$$

即有

$$\frac{k_2}{c} = \frac{1}{T} \int_{t_0}^{t_1} x_1(t)\,\mathrm{d}t,\ 类似可得\ \frac{k_1}{b} = \frac{1}{T} \int_{t_0}^{t_1} x_2(t)\,\mathrm{d}t;$$

即平衡点 $\left(\dfrac{k_2}{c}, \dfrac{k_1}{b}\right)$ 恰为它们的数量在一个周期内的平均值。

现在来解释一下,生物学家 U. D'Ancona 发现的现象。为了考察捕鱼业的影响,引入捕捞能力系数 ε,方程组(7.1)可修改为

$$\begin{cases} \dfrac{\mathrm{d}x_1}{\mathrm{d}t} = (k_1 - \varepsilon)x_1 - b x_1 x_2 \\[2mm] \dfrac{\mathrm{d}x_2}{\mathrm{d}t} = -(k_2 + \varepsilon)x_2 + c x_1 x_2 \end{cases}。 \qquad (7.3)$$

方程组(7.3)的平衡点 $A' = \left(\dfrac{k_2 + \varepsilon}{c}, \dfrac{k_1 - \varepsilon}{b}\right)$。由于捕捞能力系数 ε 的引

入,鱼的平均量增大了,而鲨鱼的平均量则减小了,这就是 Volterra(1896—1940)原理:为了减少强者,只需捕获弱者。

§7.3 一般的对策问题

竞争的双方为了发挥自己的优势,获得最好的结果,因而他们会根据不同情况、不同对手,制定策略,这个过程称之为对策。根据自己的行动目的,选择行动方案,这种在行动之前所做的决定,称之为决策。

当把自然情况看作竞争的一方时,那么也可以把决策问题作为对策问题来解。对策包含三要素。

要素(1):局中人,具有决策权的参加者,或属于利害一致的参加者。

要素(2):局中人能够采取的可行方案称为策略,全部策略构成策略集。策略集为有限时称为有限对策,否则称为无限对策。

一般局中人 A 有 m 个策略(或称为纯策略),策略集 $S_A=\{\alpha_1,\alpha_2,\cdots,\alpha_m\}$;B 有 n 个策略,策略集 $S_B=\{\beta_1,\beta_2,\cdots,\beta_n\}$。当 A 选用第 i 个策略,当 B 选用第 j 个策略时,(α_i,β_j) 构成一个纯局势;S_A 和 S_B 中的策略可构成 $m\times n$ 个纯局势。对应 (α_i,β_j),我们把 A 的赢得记作 a_{ij},B 的赢得记作 b_{ij},并用表 7-1 表示。

表 7-1 **A 和 B 的策略分布**

A＼B	1	2	⋯	j	⋯	n
1	(a_{11},b_{11})	(a_{12},b_{12})	⋯	(a_{1j},b_{1j})	⋯	(a_{1n},b_{1n})
2	(a_{21},b_{21})	(a_{22},b_{22})	⋯	(a_{2j},b_{2j})	⋯	(a_{2n},b_{2n})
⋮	⋮	⋮	⋯	⋮		⋮
i	(a_{i1},b_{i1})	(a_{i2},b_{i2})		(a_{ij},b_{ij})	⋯	(a_{in},b_{in})
⋮	⋮	⋮		⋮	⋯	⋮
m	(a_{m1},b_{m1})	(a_{m2},b_{m2})	⋯	(a_{mj},b_{mj})	⋯	(a_{mn},b_{mn})

要素(3):赢得矩阵(或称支付矩阵)。

一类特殊的对策问题(**零和对策**):当纯局势 (α_i,β_j) 已经确定时,A 的赢得恰是 B 的所失,即双方得失之和为零,这种策略称之为**零和对策**。

当 $a_{ij}+b_{ij}=0$ 时,可略去 b_{ij},构成 $A_{m\times n}=(a_{ij})_{m\times n}$,此时 A 称为赢得矩阵。若 $a_{ij}+b_{ij}=c$,则可写成 $\left(a_{ij}-\dfrac{c}{2}\right)+\left(b_{ij}-\dfrac{c}{2}\right)=0$ 即可。

要素(4):最优纯策略与鞍点。

设有对策 $G=\{S_A,S_B,A\}$,其中 $S_A=\{\alpha_1,\alpha_2,\alpha_3\}$,$S_B=\{\beta_1,\beta_2,\beta_3,\beta_4\}$,

$$A=\begin{array}{c}\\ \\ \\ \\ \end{array}\begin{array}{cccc}\beta_1 & \beta_2 & \beta_3 & \beta_4\end{array}$$
$$A=\begin{bmatrix}12 & -6 & 30 & -22 \\ 14 & 2 & 18 & 10 \\ -6 & 0 & -10 & 16\end{bmatrix}\begin{array}{c}\alpha_1 \\ \alpha_2 \\ \alpha_3\end{array}。$$

从矩阵 A 中可看出,若 A 希望获得最大赢得 30,则 A 要采取策略 α_1;但若 B 取 β_4,使 A 不仅得不到 30,反而损失 22。故选取策略时 A 干扰 B,B 也干扰 A。

为了稳妥,考虑到对方有使自己损失得动机,**在最坏的可能中争取最好的结果。**下面给出分析,然后确定对策。

局中人 A 采取策略 $\alpha_1,\alpha_2,\alpha_3$ 时,所赢得的最坏结果分别是:
$$\min\{12,-6,30,-22\}=-22,$$
$$\min\{14,2,18,10\}=2,$$
$$\min\{-6,0,-10,16\}=-10,$$

其中最好的可能是 $\max\{-22,2,-10\}=2$,即 A 认为最优策略是 α_2;当 A 使用 α_2 时,无论 B 采取哪一策略,A 的获得不会少于 2。

对于 B 要考虑最大的损失,B 采取各方案的最大损失为
$$\max\begin{bmatrix}12 \\ 14 \\ -6\end{bmatrix}=14,\ \max\begin{bmatrix}-6 \\ 2 \\ 0\end{bmatrix}=2,$$
$$\max\begin{bmatrix}30 \\ 18 \\ -10\end{bmatrix}=30,\ \max\begin{bmatrix}-22 \\ 10 \\ 16\end{bmatrix}=16,$$

其中最好的可能是 $\min\{14,2,30,16\}=2$,即 B 认为最优策略为 β_2,当 B 采用 β_2 时,B 的损失不会超过 2。

在这个对策中,A 的最小获得值恰是 B 的最大损失值,记 $V_G=2$,称之为对策值。

对一般情形,给出如下定义:

1. 设有矩阵对策 $G=\{S_A,S_B,A_{m\times n}\}$，若 $\max\limits_{i}\min\limits_{j}a_{ij}=\min\limits_{j}\max\limits_{i}a_{ij}=V_G$，则称为对策 G 的值。

2. 若纯局势 (α_{i*},β_{j*}) 使 $\min\limits_{j}a_{i*j}=\max\limits_{i}a_{ij*}=V_G$，则 (α_{i*},β_{j*}) 称为对策 G 的鞍点。对策矩阵中与 (α_{i*},β_{j*}) 相对应的元素 a_{i*j*} 称为矩阵的鞍点。

此时，α_{i*} 与 β_{j*} 分别称为局中人 A 与 B 的最优纯策略。对策 G 的鞍点是纯策略中的一个稳定解。什么情况下存在稳定解？

设 $G=\{S_A,S_B,A\}$，记 $\mu=\max\limits_{i}\min\limits_{j}a_{ij}$，$\nu=-\min\limits_{j}\max\limits_{i}a_{ij}$。

定理：一个零和对策有稳定解 $\Leftrightarrow\mu+\nu$，但解可以不唯一。

对策的解（稳定解）有下面性质：

(1)（无差别性）若 $(\alpha_{i_1},\beta_{j_1})$ 与 $(\alpha_{i_2},\beta_{j_2})$ 同为对策 G 的解，则 $a_{i_1j_1}=a_{i_2j_2}$；

(2)（可交换性）若 $(\alpha_{i_1},\beta_{j_1})$、$(\alpha_{i_2},\beta_{j_2})$ 是对策 G 的解，那么 $(\alpha_{i_1},\beta_{j_2})$、$(\alpha_{i_2},\beta_{j_1})$ 也是 G 的解。

对零和对策问题，当 $\mu+\nu\neq 0$ 时，即在使用纯策略时，对策无解，这时需要考虑混合策略：即局中人为了防备对方识别自己的行动，按一定的概率分布随机地选择各纯策略。如 $S_A=\{\alpha_1,\alpha_2,\alpha_3\}$，局中人 A 以概率 p_1、p_2、p_3 分别选取 α_1、α_2、α_3，记为 $\widetilde{S}_A=\begin{pmatrix}\alpha_1 & \alpha_2 & \alpha_3\\ p_1 & p_2 & p_3\end{pmatrix}$，且 $p_1+p_2+p_3=1$；此时局中人的赢得称之为"期望赢得"。

因而，纯策略是混合策略中的特殊情况，相当于以概率 1 选取某一策略，以概率 0 选取其他策略。

例 7-2　A、B 两方作战，A 方要派出两架轰炸机 Ⅰ 和 Ⅱ 轰炸 B 方的指挥部。轰炸机 Ⅰ 在前面飞行，轰炸机 Ⅱ 随后；两架轰炸机中仅有一架带有炸弹，而另一架仅是护航。轰炸机飞至 B 方占领地区的上空，受到 B 方战斗机的阻击。当战斗机阻击后面飞行的轰炸机 Ⅱ 时，战斗机仅受轰炸机 Ⅱ 的射击，战斗机被击中的概率为 0.3；如果战斗机阻击轰炸机 Ⅰ 时，那么它将受到两架轰炸机的射击，战斗机被击中的概率为 0.7。一旦战斗机未被击落，战斗机以 0.6 的概率击毁 A 方的轰炸机。问 A 方选何架飞机装炸弹？B 方应如何阻击轰炸机？

解　A 方的策略：$S_A=\{\alpha_1,\alpha_2\}$，

其中 α_1：轰炸机 Ⅰ 载有炸弹，轰炸机 Ⅱ 护航；

　　α_2：轰炸机 Ⅱ 载有炸弹，轰炸机 Ⅰ 护航。

B方的策略：$S_B = \{\beta_1, \beta_2\}$，

其中β_1：阻击轰炸机Ⅰ；

　　β_2：阻击轰炸机Ⅱ。

对策矩阵（未被击中）$A = \begin{bmatrix} P(\alpha_1, \beta_1) & P(\alpha_1, \beta_2) \\ P(\alpha_2, \beta_1) & P(\alpha_2, \beta_2) \end{bmatrix}$，应用全概率公式，可计算出 $P(\alpha_1, \beta_2) = 1$，$P(\alpha_2, \beta_1) = 1$，而

$$P(\alpha_1, \beta_1) = 0.3 \times (1 - 0.6) + 0.7 = 0.82,$$
$$P(\alpha_2, \beta_2) = 0.3 + 0.7 \times (1 - 0.6) = 0.58。$$

故得

$$A = \begin{bmatrix} 0.82 & 1 \\ 1 & 0.58 \end{bmatrix}。$$

进一步，$\mu = \max_i \min_j a_{ij} = 0.82$，$-\nu = \min_j \max_i a_{ij} = 1$；得到$\mu + \nu \neq 0$。从而，对策矩阵无鞍点。

对策应取混合策略，即 $\widetilde{S}_A = \begin{cases} \alpha_1 & \alpha_2 \\ p_1 & p_2 \end{cases}$，$\widetilde{S}_B = \begin{cases} \beta_1 & \beta_2 \\ q_1 & q_2 \end{cases}$，

具体化，即

$$p_1 \begin{bmatrix} a_{11} \\ a_{12} \end{bmatrix} + p_2 \begin{bmatrix} a_{21} \\ a_{22} \end{bmatrix} = \begin{bmatrix} V_G \\ V_G \end{bmatrix}，q_1 \begin{bmatrix} a_{11} \\ a_{21} \end{bmatrix} + q_2 \begin{bmatrix} a_{12} \\ a_{22} \end{bmatrix} = \begin{bmatrix} V_G \\ V_G \end{bmatrix}；$$

得到

$$\begin{cases} p_1 a_{11} + p_2 a_{21} = V_G \\ p_1 a_{12} + p_2 a_{22} = V_G \end{cases}，\begin{cases} q_1 a_{11} + q_2 a_{12} = V_G \\ q_1 a_{21} + q_2 a_{22} = V_G \end{cases}，$$

其中 $p_1 + p_2 = 1$，$q_1 + q_2 = 1$。

计算可得：$p_1 = 0.7$，$p_2 = 0.3$；$q_1 = 0.7$，$q_2 = 0.3$，$V_G = 0.874$；即A方应以0.7的概率使轰炸机Ⅰ载有炸弹，取胜性比较大；B方采取的最优策略是以0.7的概率阻击轰炸机Ⅰ，此时取胜性比较大。

第8章 稳定性分析

§8.1 非平凡平衡点存在的条件及无圈定理

由于捕鱼业的影响,我们无法验证鱼和鲨鱼的数量是否真正具有周期性变化,但发现在加拿大北部森林中的山猫和野兔的数量确以 $T=10$ 年的周期变化。

Volterra 的模型解释了 U. D'Ancona 发现的现象,但生物学家们不完全赞同。他们认为,虽然有的捕食系统确实存在着周期(性)变化,但更多的捕食系统却没有这种特征,如何解释这一点呢?

一般

$$\begin{cases} \dfrac{\mathrm{d}x_1}{\mathrm{d}t} = k_1(x_1,x_2)x_1, \\ \dfrac{\mathrm{d}x_2}{\mathrm{d}t} = k_2(x_1,x_2)x_2. \end{cases}$$

近似化:

$$\begin{cases} \dfrac{\mathrm{d}x_1}{\mathrm{d}t} = (a_0 + a_1 x_1 + a_2 x_2)x_1, \\ \dfrac{\mathrm{d}x_2}{\mathrm{d}t} = (b_0 + b_1 x_1 + b_2 x_2)x_2. \end{cases} \tag{8.1}$$

式中,a_0 和 b_0 为自然增长系数;a_2 和 b_1 为交叉亲疏系数;a_1 和 b_2 为本种群的亲疏系数。

(i) $a_2 > 0, b_1 > 0$,此两种群的增长是互助的,适用于共棲系统。

(ii) $a_2 < 0, b_1 > 0$,此时为捕食系统;$a_2 > 0, b_1 < 0$ 时情况类似,不同的是两种群交换了地位。

(iii) $a_2 < 0, b_1 < 0$,此时两种群相互制约,适用于竞争系统。

方程(8.1)是否有周期解?

我们先考察方程(8.1)的平衡点：

$$\begin{cases} x_1(a_0+a_1x_1+a_2x_2)=0 \\ x_2(b_0+b_1x_1+b_2x_2)=0 \end{cases} \Rightarrow \begin{cases} x_2=-\dfrac{a_1}{a_2}x_1-\dfrac{a_0}{a_2}, \\ x_2=-\dfrac{b_1}{b_2}x_1-\dfrac{b_0}{b_2}。 \end{cases}$$

$\Rightarrow 0(0,0)$，$A(-\dfrac{a_0}{a_1},0)$ 及 $(0,-\dfrac{b_0}{b_2})$ 为平凡的平衡点；

现要求非平凡平衡点 $P(x_1^0,x_2^0)$：

由 $\begin{cases} a_0+a_1x_1+a_2x_2=0 \\ b_0+b_1x_1+b_2x_2=0 \end{cases}$，

$\Rightarrow x_1^0=\dfrac{a_2b_0-a_0b_2}{a_1b_2-a_2b_1}$，$x_2^0=\dfrac{a_0b_1-a_1b_0}{a_1b_2-a_2b_1}$

要求 $x_1^0>0$，$x_2^0>0$。

定理 1(无圈定理) 若方程组(8.1)的系数满足

(i)$A=a_1b_2-a_2b_1\neq 0$，

(ii)$B=a_1b_0(a_2-b_2)-a_0b_2(a_1-b_1)\neq 0$。

则(1)不存在周期解。

证略。

§8.2 较一般的捕食系统的讨论

下面捕食系统

$$\frac{\mathrm{d}x_1}{\mathrm{d}t}=x_1(k_1-ax_1-a_{21}x_2)，$$

$$\frac{\mathrm{d}x_2}{\mathrm{d}t}=x_2(-k_2+a_{12}x_1-bx_2)，$$

其中的系数均为非负。

除平凡平衡点 $O(0,0)$ 与 $A(k_1/a,0)$ 外，系统还可能存在一个非平凡平衡点 $P(x_1^0,x_2^0)$：

$$\begin{cases} x_1^0=\dfrac{k_1b+k_2a_{21}}{ab+a_{12}a_{21}}, \\ x_2^0=\dfrac{k_1a_{12}-k_2a}{ab+a_{12}a_{21}}。 \end{cases}$$

P 为直线 $k_1-ax_1-a_{21}x_2=0$ 与 $-k_2+a_{12}x_1-bx_2=0$ 的交点,见图 8-1。

即
$$\begin{cases} x_2=\dfrac{k_1}{a_{21}}-\dfrac{a}{a_{21}}x_1 \quad 与 \\[2mm] x_2=-\dfrac{k_2}{b}+\dfrac{a_{12}}{b}x_1. \end{cases}$$

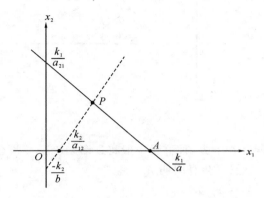

图 8-1

（情形 1）若 $\dfrac{k_2}{a_{12}}\geqslant\dfrac{k_1}{a}$,即

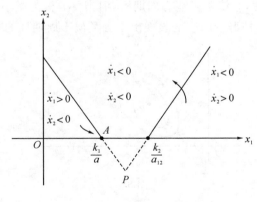

图 8-2

此时 A 为稳定平衡点,捕食种群将会灭种,见图 8-2。

（情形 2）若 $\dfrac{k_2}{a_{12}}<\dfrac{k_1}{a}$,即

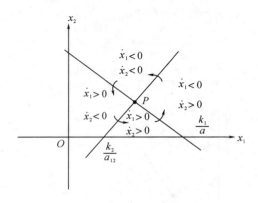

图 8-3

两种群将共同存在下去,种群量一般将逐渐趋于平衡状态,见图 8-3。

关于情形 1　显然不会有周期解。

关于情形 2　$A = ab + a_{12}a_{21}$,
$$B = -(k_1 ab + k_2 aa_{21} + k_1 a_{12} b) + k_2 ab.$$

当 $a = b = 0$ 时,(1)化为原 U. D'Ancona-Volterra 方程,有周期解;

当 a, b 不全为零时,由于 a, b 相对其他系数来说比较小,$\therefore A \neq 0, B \neq 0$。

故据无圈定理,系统不可能有周期解,但当 a, b 极为微小且初始状态比较接近平衡点 P 时,种群量的改变表现出十分类似于周期性的变化,见图 8-4。

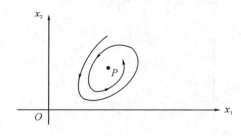

图 8-4

第 9 章　最小覆盖及其相关问题

例 9-1　图 9-1 是一个街区的平面示意图,其中共有七条街道,分别记为 $e_1,e_2,\cdots,e_7$,它们覆盖相交于 $v_1,v_2,\cdots,v_5$(街角)。出于安全上的考虑,准备在街角处建造一批消防笼头。我们希望每一条街道在必要时都能使用上一只笼头,同时出于费用上的考虑,又希望造的数目越少越好。那么,应当建造多少只? 又应当分布在何处?

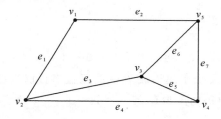

图 9-1　街区平面示意图

解:(分析)如果在每个街角都建造一只,自然七条街都能用上,从而称集合 $\{v_1,v_2,\cdots,v_5\}$ 是 $\{e_1,e_2,\cdots,e_7\}$ 的一个覆盖;但这样做不经济。

事实上,$\{v_1,v_3,v_4\}$ 也能覆盖 $\{e_1,e_2,\cdots,e_7\}$,然而,无论你怎样选址,两只总是不够的;从这一意义上讲,$\{v_1,v_3,v_4\}$ 构成了这一街区的一个"最小覆盖"。但不唯一,例如 $\{v_2,v_4,v_5\}$ 也可以。

一般,设图 $G=(V,E)$,其中 V 是顶点集,E 是边集。当图中的边带有方向时,称图为有向图;否则,称为无向图。

定义 1(**覆盖**)　设 $G=(V,E)$ 为任一图,称 V 的一个子集合 $\{v_{i_1},\cdots,v_{i_s}\}$ 为一覆盖,若对 E 中的任一边 (u,v),$u=v_{i_k}$ 或 $v=v_{i_k}$ 中至少有一个成立,其中 $1\leqslant k\leqslant s$,即 E 中的任一边至少含有此子集合中的一个点作为顶点。

定义 2(**最小覆盖**)　图 G 的所有覆盖中含元素(点)最少的集合称为图 G 的一个最小覆盖。

最小覆盖包含的元素个数称为图 G 的覆盖指数,记作 $\alpha(G)$,简记为 α。

定义 3(点边关联关系) 设 $G=(V,E)$，其中

$V=\{v_1,v_2,\cdots,v_n\}$，$E=\{e_1,e_2,\cdots,e_m\}$，若 v_i 是 e_j 连接的两个顶点之一，则称 v_i 与 e_j 之间存在关联关系，记作 $v_i\mathcal{R}e_j$。

定义 4(关联矩阵) 图 G 的关联矩阵 $R=(r_{ij})_{n\times m}$ 是指如下定义的 $n\times m$ 矩阵：

$$r_{ij}=\begin{cases}1, & \text{若 } v_i\mathcal{R}e_j; \\ 0, & \text{其他 }。\end{cases}$$

例如，图 1 的关联矩阵

$$\begin{array}{c}
\begin{array}{ccccccc} e_1 & e_2 & e_3 & e_4 & e_5 & e_6 & e_7 \end{array} \\
\begin{array}{c} v_1 \\ v_2 \\ v_3 \\ v_4 \\ v_5 \end{array}
\begin{bmatrix} 1 & 1 & 0 & 0 & 0 & 0 & 0 \\ 1 & 0 & 1 & 1 & 0 & 0 & 0 \\ 0 & 0 & 1 & 0 & 1 & 1 & 0 \\ 0 & 0 & 0 & 1 & 1 & 0 & 1 \\ 0 & 1 & 0 & 0 & 0 & 1 & 1 \end{bmatrix}_{5\times 7}
\end{array}。$$

定理 1 顶点的一个子集构成图 G 的覆盖当且仅当在它包含的顶点所对应的关联矩阵的行中每列至少存在一个 1。

一般，有

定义 5 给定两个有限集合 $A=\{a_1,a_2,\cdots,a_n\}$ 和 $B=\{b_1,b_2,\cdots,b_m\}$，称 A 中的元素为"格"，而称 B 中的元素为"点"。A,B 中的元素之间存在某种关系时，记作 $\mathcal{R}$(称为关联关系)。当格 a_i 与点 b_j 存在这种关系时，记为 $a_i\mathcal{R}b_j$。作矩阵 $R=(r_{ij})$，当 $a_i\mathcal{R}b_j$ 时取 $r_{ij}=1$，否则取 $r_{ij}=0$。

对 A 中的任一格 a_i 还可以某种方式给出一个值 $P(a_i)$，规定 A 的任一子集 C 对应的值 $P(C)$ 为其包含的元素的值总和。

(i)设 $C=\{a_{i_1},\cdots,a_{i_s}\}$ 为 A 的一个子集，若对 B 中任一元素 b_j，总有 $a_{i_k}\in C$(其中 $1\leqslant k\leqslant s$ 中某一个)，使得 $a_{i_k}\mathcal{R}b_j$，则称子集 C 覆盖 B，记作 $C\mathcal{R}B$；

(ii)若 $C\mathcal{R}B$，且对 A 的任一覆盖 B 的子集 C' 有 $P(C)\leqslant P(C')$，则称 C 为一最小覆盖。

例 9-2(点菜问题) 要求包含我们关心的某些营养成分，又要使总价格最低。(即最小覆盖问题)

表 9-1　菜与营养成份分布

菜单及价格	蛋白质	淀粉	维生素	矿物质
a. 菜肉蛋卷（1.80 元）	1	0	1	1
b. 炒猪干（2.15 元）	0	1	0	1
c. 色拉（1.20 元）	0	0	1	0
d. 红烧排骨（2.30 元）	1	0	0	0
e. 咖哩土豆（1.00 元）	0	1	0	0
f. 清汤全鸡（5.00 元）	1	0	0	1

解　设取菜肉蛋卷　　x_1 份；

　　　　炒猪干　　　　x_2 份；

　　　　色　拉　　　　x_3 份；

　　　　红烧排骨　　　x_4 份；

　　　　咖哩土豆　　　x_5 份；

　　　　清汤全鸡　　　x_6 份；

其中 $x_i(i=1,2,\cdots,6)$ 为 0 或 1。

取 $A=\{a,b,c,d,e,f\}$，

$B=\{$蛋白质,淀粉,维生素,矿物质$\}$。

建立优化模型：

$$\min 1.80x_1+2.15x_2+1.20x_3+2.30x_4+1.00x_5+5.00x_6$$

$$\text{s. t.}\begin{cases} x_1 & +x_4 & +x_6 \geqslant 1 & \text{（蛋白质）}\\ x_2 & +x_5 & \geqslant 1 & \text{（淀粉）}\\ x_1 & +x_3 & \geqslant 1 & \text{（维生素）}\\ x_1 +x_2 & +x_6 & \geqslant 1 & \text{（矿物质）}\end{cases}$$

其中 $x_1,x_2,\cdots,x_6=0$ 或 1。

定义 6（既约覆盖）　设 $(A,\mathscr{R},B)$ 为一覆盖问题，C 是 A 的子集且 $C\mathscr{R}B$；若存在点 $v\in C$，使得 $C\backslash\{v\}$ 仍覆盖 B，则称 C 为 B 的非既约覆盖，否则，则称 C 为 B 的一个既约覆盖。

注：最小覆盖必定是既约覆盖，但反之不真。

图的最小覆盖算法（启发式算法）

具体步骤如下：

①在关联矩阵 R 中取 1 元素最多的行，划去该行及该行中元素 1 所在的列，构成关联矩阵 R 的一个子矩阵 R_1，取划去行所对应的顶点为最小覆盖集中的元素；

②在子矩阵 R_1 中重复①过程；

③若存在 i，对任意的 k，有 $v_i > v_k$（即对所有的 j，若 $r_{kj}=1 \Rightarrow r_{ij}=1$，则称 $v_i > v_k$），取 v_i 取为最小覆盖元素，过程结束。

在以上过程中划去的行所对应的顶点的集合即为最小覆盖的顶点集。

例 9-3 5 个顶点 7 条边的图 $G=(V,E)$，如图 9-2 所示：

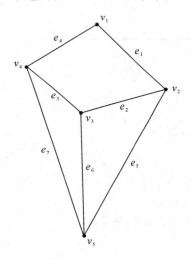

图 9-2 点、边关系图

解 1）写出关联矩阵

$$R=\begin{array}{c} \\ v_1 \\ v_2 \\ v_3 \\ v_4 \\ v_5 \end{array}\begin{array}{c} \begin{array}{ccccccc} e_1 & e_2 & e_3 & e_4 & e_5 & e_6 & e_7 \end{array} \\ \left[\begin{array}{ccccccc} 1 & 0 & 0 & 1 & 0 & 0 & 0 \\ 1 & 1 & 0 & 0 & 1 & 0 & 0 \\ 0 & 1 & 1 & 0 & 0 & 1 & 0 \\ 0 & 0 & 1 & 1 & 0 & 0 & 1 \\ 0 & 0 & 0 & 0 & 1 & 1 & 1 \end{array}\right] \end{array};$$

2)从 R 可知，1 元素最多的行为 v_3，v_4，v_5；在第 3 行、第 4 行、第 5 行中任选一行；如选取 v_3，划去 v_3 所在的行及其 1 元素所在的 e_2，e_3，e_6 列，得子矩阵 R_1 为

$$R_1 = \begin{array}{c} \\ v_1 \\ v_2 \\ v_4 \\ v_5 \end{array}\begin{array}{c} \begin{array}{cccc} e_1 & e_4 & e_5 & e_7 \end{array} \\ \begin{bmatrix} 1 & 1 & 0 & 0 \\ 1 & 0 & 1 & 0 \\ 0 & 1 & 0 & 1 \\ 0 & 0 & 1 & 1 \end{bmatrix} \end{array} ;$$

3)从 R_1 可知，每一行的 1 元素个数都一样多，可以任选一行；如选取 v_5 对应的行，划去 v_5 所在的行及其 1 元素所在的 e_5，e_7 列，得子矩阵 R_2 为

$$R_2 = \begin{array}{c} \begin{array}{cc} e_1 & e_4 \end{array} \\ \begin{bmatrix} 1 & 1 \\ 1 & 0 \\ 0 & 1 \end{bmatrix} \end{array}\begin{array}{c} \\ v_1 \\ v_2 \\ v_4 \end{array} ;$$

4)从 R_2 可知，1 元素最多的行对应 v_1。如果选取了 v_1，所有的列被划去，这表明所有的边将被控制（因为列代表边）；此时选取 v_1 为最小覆盖集合中元素；过程结束。

以上过程得到顶点集为 $\{v_1, v_3, v_5\}$ 为图 G 的最小覆盖。同理，可得另外两组顶点集 $\{v_2, v_4, v_3\}$ 和 $\{v_2, v_4, v_5\}$ 也是。

例 9-4　某城市高教园区规划用地面积约 4km^2，园区内已建成通路网见图 9-3，现城市交警部门拟在该园区安装若干电子眼，试求既能节约资金人工，又能完成交通监控任务的布置方案。

图 9-3　实际道路网

解 将该园区路网抽象为图 9-4 所示的交通网络图。那么该园区的电子眼安装问题就转化为图 9-4 的最小顶点覆盖问题。

图 9-4 中,$v_i(i=1,2,\cdots,13)$表示道路交通网络的交叉口,$e_j(j=1,2,\cdots,13)$表示道路交通网络的路段。

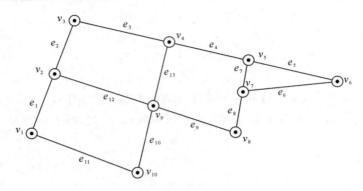

图 9-4 交通网络图

由图的最小覆盖算法计算如下:

①对图 G 求出关联矩阵 R:

$$
R = \begin{array}{c}
 \\ v_1 \\ v_2 \\ v_3 \\ v_4 \\ v_5 \\ v_6 \\ v_7 \\ v_8 \\ v_9 \\ v_{10}
\end{array}
\begin{array}{c}
\begin{array}{ccccccccccccc} e_1 & e_2 & e_3 & e_4 & e_5 & e_6 & e_7 & e_8 & e_9 & e_{10} & e_{11} & e_{12} & e_{13} \end{array} \\
\left[\begin{array}{ccccccccccccc}
1 & 0 & 0 & 0 & 0 & 0 & 0 & 0 & 0 & 0 & 1 & 0 & 0 \\
1 & 1 & 0 & 0 & 0 & 0 & 0 & 0 & 0 & 0 & 0 & 1 & 0 \\
0 & 1 & 1 & 0 & 0 & 0 & 0 & 0 & 0 & 0 & 0 & 0 & 0 \\
0 & 0 & 1 & 1 & 0 & 0 & 0 & 0 & 0 & 0 & 0 & 0 & 1 \\
0 & 0 & 0 & 1 & 1 & 0 & 1 & 0 & 0 & 0 & 0 & 0 & 0 \\
0 & 0 & 0 & 0 & 1 & 1 & 0 & 0 & 0 & 0 & 0 & 0 & 0 \\
0 & 0 & 0 & 0 & 0 & 1 & 1 & 1 & 0 & 0 & 0 & 0 & 0 \\
0 & 0 & 0 & 0 & 0 & 0 & 0 & 1 & 1 & 0 & 0 & 0 & 0 \\
0 & 0 & 0 & 0 & 0 & 0 & 0 & 0 & 1 & 1 & 0 & 1 & 1 \\
0 & 0 & 0 & 0 & 0 & 0 & 0 & 0 & 0 & 1 & 1 & 0 & 0
\end{array}\right]
\end{array};
$$

②从 R 可知,1 元素最多的行为 v_9,所以划去 v_9 所在的行及其 1 元素所在的 e_9,e_{10},e_{12},e_{13},得子矩阵 R_1 为

$$R_1 = \begin{array}{c} \\ v_1 \\ v_2 \\ v_3 \\ v_4 \\ v_5 \\ v_6 \\ v_7 \\ v_8 \\ v_{10} \end{array} \begin{array}{cccccccccc} e_1 & e_2 & e_3 & e_4 & e_5 & e_6 & e_7 & e_8 & e_{11} \\ \left[\begin{array}{ccccccccc} 1 & 0 & 0 & 0 & 0 & 0 & 0 & 0 & 1 \\ 1 & 1 & 0 & 0 & 0 & 0 & 0 & 0 & 0 \\ 0 & 1 & 1 & 0 & 0 & 0 & 0 & 0 & 0 \\ 0 & 0 & 1 & 1 & 0 & 0 & 0 & 0 & 0 \\ 0 & 0 & 0 & 1 & 1 & 0 & 1 & 0 & 0 \\ 0 & 0 & 0 & 0 & 1 & 1 & 0 & 0 & 0 \\ 0 & 0 & 0 & 0 & 0 & 1 & 1 & 1 & 0 \\ 0 & 0 & 0 & 0 & 0 & 0 & 0 & 1 & 0 \\ 0 & 0 & 0 & 0 & 0 & 0 & 0 & 0 & 1 \end{array}\right] \end{array} ;$$

③从 R_1 可知，1 元素最多的行为 v_5 与 v_7，可以任选一行；如选取 v_5 对应的行，划去 v_5 所在的行及其 1 元素所在的 e_4 , e_5 , e_7 列，得子矩阵 R_2 为：

$$R_2 = \begin{array}{c} \\ v_1 \\ v_2 \\ v_3 \\ v_4 \\ v_6 \\ v_7 \\ v_8 \\ v_{10} \end{array} \begin{array}{cccccc} \left[\begin{array}{cccccc} 1 & 0 & 0 & 0 & 0 & 1 \\ 1 & 1 & 0 & 0 & 0 & 0 \\ 0 & 1 & 1 & 0 & 0 & 0 \\ 0 & 0 & 1 & 0 & 0 & 0 \\ 0 & 0 & 0 & 1 & 0 & 0 \\ 0 & 0 & 0 & 1 & 1 & 0 \\ 0 & 0 & 0 & 0 & 1 & 0 \\ 0 & 0 & 0 & 0 & 0 & 1 \end{array}\right] \end{array} ;$$

④从 R_2 可知，1 元素最多的行为 v_1 , v_2 , v_3 和 v_7，可以任选一行，如选取 v_3 对应的行，划去 v_3 所在的行及其 1 元素所在的 e_2 , e_3 列，得子矩阵 R_3 为：

$$R_3 = \begin{array}{c} \\ v_1 \\ v_2 \\ v_4 \\ v_6 \\ v_7 \\ v_8 \\ v_{10} \end{array} \begin{array}{cccc} e_1 & e_6 & e_8 & e_{11} \\ \left[\begin{array}{cccc} 1 & 0 & 0 & 1 \\ 1 & 0 & 0 & 0 \\ 0 & 0 & 0 & 0 \\ 0 & 1 & 0 & 0 \\ 0 & 1 & 1 & 0 \\ 0 & 0 & 1 & 0 \\ 0 & 0 & 0 & 1 \end{array}\right] \end{array} ;$$

⑤从 R_3 可知，1 元素最多的行为 v_1 和 v_7，可以任选一行；如选 v_7 对应的

行,划去 v_7 所在的行及其 1 元素所在的 e_6、e_8 列;得子矩阵 R_4 为:

$$R_4 = \begin{array}{c} \\ v_1 \\ v_2 \\ v_4 \\ v_6 \\ v_8 \\ v_{10} \end{array} \overset{\begin{array}{cc} e_1 & e_2 \end{array}}{\begin{bmatrix} 1 & 1 \\ 1 & 0 \\ 0 & 0 \\ 0 & 0 \\ 0 & 0 \\ 0 & 1 \end{bmatrix}} ;$$

⑥从 R_4 可知,1 元素最多的行为 v_1,如果选取了 v_1 对应的行,则所有的列将被划去,这表明所有的边将被控制(因为列代表边)。此时选取 v_1 为最小覆盖集中元素,过程结束。

以上过程得到顶点集 $\{v_1, v_3, v_5, v_7, v_9\}$ 为图 G 的最小覆盖。

即该园区在顶点集对应的 v_1, v_3, v_5, v_7, v_9 五个交叉口安装电子眼,能完成交通监控任务。

课后练习题:请求出例 9-2 的最佳点菜方案。

第10章　一般优化模型

10.1　组合优化模型

一般可用下面的数学模型描述为：

$$\min f(x_1, x_2, \cdots, x_n)$$

$$\text{s.t.} \begin{cases} g_i(x_1, \cdots, x_n) \geqslant 0, \ i=1,2,\cdots,m; \\ h_j(x_1, \cdots, x_n)=0, \ j=1,2,\cdots,l; \\ (x_1, x_2, \cdots, x_n) \in D; \end{cases} \quad (10.1)$$

其中 $f(x_1, x_2, \cdots, x_n)$ 为目标函数；

$$\left. \begin{array}{l} g_i(x_1, \cdots, x_n) \geqslant 0, \ i=1,2,\cdots,m; \\ h_j(x_1, \cdots, x_n)=0, \ j=1,2,\cdots,l. \end{array} \right\} \text{为约束条件}$$

$x_1, x_2, \cdots, x_n$ 为决策变量，D 为有限个点组成的集合满足(10.1)中约束条件的 $x_1, x_2, \cdots, x_n$ 组成的可行解集，使目标函数达到最优的可行解称为最优解，不是最优解的可行解称为近似解。

例 10-1　某商场根据客流量统计得出一周中每天所需要的营业员数如表 10-1：

表 10-1

时间	周一	周二	周三	周四	周五	周六	周日
所需营业员数	67	72	78	76	85	106	98

如果规定每个营业员每周连续工作 5 天，休息 2 天，求总人数最少的营业员排班方案。

解　设 x_j 为从周 j 开始连续工作 5 天的营业员人数，$j=1,2,\cdots,7$（其中 x_7 为周日开始连续工作 5 天的营业员数），则该问题可以由以下的整数线性规划模型描述：

$$\min z = \sum_{j=1}^{7} x_j$$

$$\text{s. t.} \begin{cases} x_1 + x_4 + x_5 + x_6 + x_7 \geqslant 67; \\ x_1 + x_2 + x_5 + x_6 + x_7 \geqslant 72; \\ x_1 + x_2 + x_3 + x_6 + x_7 \geqslant 78; \\ x_1 + x_2 + x_3 + x_4 + x_7 \geqslant 76; \\ x_1 + x_2 + x_3 + x_4 + x_5 \geqslant 85; \\ x_2 + x_3 + x_4 + x_5 + x_6 \geqslant 106; \\ x_3 + x_4 + x_5 + x_6 + x_7 \geqslant 98; \\ x_j \geqslant 0 \text{ 为整数}, j = 1, 2, \cdots, 7。 \end{cases}$$

显然由 $x_j \in \{0, 1, \cdots, 106\}$，$(j = 1, 2, \cdots, 7)$。

可行解集是一个由有限个点组成的集合。

例 10-2(旅行售货商问题) （Traveling Salesman Problem）（TSP）：

一个售货商要到 n 个城市推销商品，设城市集合 $I = \{1, 2, \cdots, n\}$，城市 i 到城市 j 的费用为 c_{ij}，$(i, j = 1, 2, \cdots, n)$，求从指定城市出发，到所有其他城市恰好一次，最终返回发点的旅行路线。

TSP 问题的数学模型为

$$\min \sum_{i \neq j} c_{ij} x_{ij}$$

$$\text{s. t.} \begin{cases} \sum_{j=1}^{n} x_{ij} = 1, \quad (i = 1, 2, \cdots, n); \\ \sum_{i=1}^{n} x_{ij} = 1, \quad (j = 1, 2, \cdots, n); \\ \sum_{i,j \in S} x_{ij} \leqslant |S| - 1, \quad 2 \leqslant |S| \leqslant n - 2, S \subseteq I; \end{cases}$$

$$x_{ij} \in \{0, 1\}, (i, j = 1, 2, \cdots, n; i \neq j),$$

其中 $x_{ij} = \begin{cases} 1, & \text{城市 } i \text{ 的下一站为城市 } j \\ 0, & \text{否则} \end{cases}$。

计算方法：①枚举法 （工作量太大）；

②近似解法。

说明：约束条件 1 表示每个节点只有一条边出去；约束条件 2 表示每个节点只有一条边进来；约束条件 3 表示除起点和终点外，各边不构成圈。

旅行商问题的分支定界法求解举例。

例 10-3*　设 $v_1, v_2, \cdots, v_5$ 表示 5 个城市,距离矩阵为

$$D = (d_{ij})_{5 \times 5} = \begin{bmatrix} * & 12 & 1 & 16 & 2 \\ 12 & * & 22 & 1 & 3 \\ 1 & 22 & * & 9 & 7 \\ 16 & 1 & 9 & * & 6 \\ 2 & 3 & 7 & 6 & * \end{bmatrix}$$

其中 $d_{ij} = d(v_i, v_j)$ 表示从 v_i 到 v_j 的距离。某旅行商从其中某一城市出发,遍布各城市一次,最后返回原地,求总路程最短的遍历方式。

解　**方法 1**:穷举法,若 $v_1, v_2, \cdots, v_n$ 这 n 个城市任意两个城市都是相连的,那么存在 $(n-1)!$ 种遍历各城市一次的方案,将各种方案的总路程进行比较,可求出总路程最短的遍历方式,但这样做计算量较大。

方法 2:分支定界法。

因为距离矩阵是对称的,即 $d_{ij} = d_{ji}$,故将 d_{ij} 和 d_{ji} 看作是相同的,不妨将 d_{ij} 看作是无向图的边对应的权。将 $d_{ij}(j > i)$ 从小到大排列为 $d_{13}, d_{24}, d_{15}, d_{25}, d_{45}, d_{35}, d_{34}, \cdots$。问题转化为选取其中的 5 条边包含所有的城市(即顶点),并构成一回路,同时使得边的长度之和为最小。

首先取最小的 5 条边并求和,有

$$d_{13} + d_{24} + d_{15} + d_{25} + d_{45} = 13 .$$

显然,下标 5 出现了 3 次,上述 5 条边不构成一条回路,用 $\begin{pmatrix} 13 & 24 & 15 & 25 & 45 \\ & & 13 & & \end{pmatrix}$ 来表示上式,括号中上面一行表示边的下标向量,下面的数字是边的长度之和。

若排除 15,以 35 代替,即为

$$\begin{pmatrix} 13 & 24 & 25 & 45 & 35 \\ & & 18 & & \end{pmatrix}$$

其中下标 5 依然出现 3 次。

继续搜索,如图 10-1 所示,利用 15 表示选择 (v_1, v_5) 这条边,$\overline{15}$ 为排除 (v_1, v_5) 这条边。节点(2)表示选择路径(13 24 25 45 35)时的总路程为 18,节点(3)表示选择路径(13 24 15 45 35)时的总路程为 17,继续沿此分支的节点(2)、节点(3)搜索下去,能找到回路,但总路程肯定比 18 或 17 要大。因此,没有必要再进一步沿此分支搜索。搜索至节点(5)得到路径(13 24 15 25 34),此时其下标 1,2,3,4,5 各出现两次,即得回路 $v_1 \to v_3 \to v_4 \to v_2 \to v_5 \to v_1$,且路

径长度为 16。

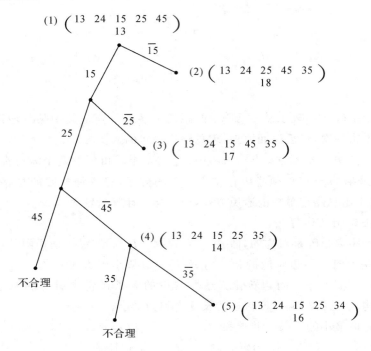

$$(1) \begin{pmatrix} 13 & 24 & 15 & 25 & 45 \\ & & 13 & & \end{pmatrix}$$

$\overline{15}$

$$(2) \begin{pmatrix} 13 & 24 & 25 & 45 & 35 \\ & & 18 & & \end{pmatrix}$$

15

$\overline{25}$

$$(3) \begin{pmatrix} 13 & 24 & 15 & 45 & 35 \\ & & 17 & & \end{pmatrix}$$

25

$\overline{45}$

$$(4) \begin{pmatrix} 13 & 24 & 15 & 25 & 35 \\ & & 14 & & \end{pmatrix}$$

45

不合理   35 $\overline{35}$

$$(5) \begin{pmatrix} 13 & 24 & 15 & 25 & 34 \\ & & 16 & & \end{pmatrix}$$

不合理

图 10-1 旅行商问题的搜索过程

例 10-4（总工期问题）

对于生产企业，由于产品种类和订单合同期限等因素，一项任务通常是成批的产品生产，只有整批产品的生产全部完成，才算完成了该项任务，为了提高生产效率，需要尽可能缩短整批产品的生产周期，即最小化最后一个产品的完工时间，这一问题称为总工期问题或时间表长问题。

平行机排序总工期问题的一般描述为：

设有 n 个给定的工件为 $J_1, J_2, \cdots, J_n$，工件 J_k 在 m 台机器 $M_1, \cdots, M_m$ 上的任意一台的加工时间为 p_k 个单位，工件在加工过程不允许中断，但只要在某一台机器上加工即可，每一 M_i 在任一时刻只能处理一个工件；如何排序，才能使时间表长最短？

设 c_k 为工件 J_k 的完工时间，$C_{\max} = \max\limits_{1 \leqslant k \leqslant n} c_k$，它也等于所有机器的最长工作时间。

又设 $x_{ij} = \begin{cases} 1, & \text{工件 } J_j \text{ 分配给机器 } M_i \text{ 加工} \\ 0, & \text{否则} \end{cases}$,

则该问题可以用一个 0—1 规划来表示:

$$\min C_{\max};$$

$$\text{s.t.} \begin{cases} \sum_{i=1}^{m} x_{ij} = 1, \ (j = 1, 2, \cdots, n); \\ \sum_{j=1}^{n} p_j x_{ij} \leqslant C_{\max}, \ (i = 1, 2, \cdots, m); \\ x_{ij} \in \{0, 1\} \, 。 \end{cases}$$

例 10-5(背包问题)

假设 n 种不同类型的科学设备要求装入一个登上月球的宇宙飞船中,分别编号为 $j = 1, \cdots, n$。设一件第 j 型设备的科学价值为 $c_j > 0$,重量为 $a_j > 0$。若整个宇宙飞船载重量的限度是 b,那么装裁设备科学价值最大化的模型是

$$\max x_0 = \sum_{j=1}^{n} c_j x_j,$$

$$\text{s.t.} \quad \sum_{j=1}^{n} a_j x_j \leqslant b, \tag{10.2}$$

$$x_j \geqslant 0 \text{ 且为整数}, j = 1, 2, \cdots, n \, 。$$

其中 x_j 是所载第 j 种设备的数量。由于所求的变量 x_j 都是整数,问题归结为整数规划问题。把宇宙飞行解释为登山旅行时,就成为背包问题。

记 $f_k(y)$ 是(10.2)式中重量限定为 y,只使用前 k 类设备时科学价值的最大值($y = 0, 1, \cdots, b$; $k = 1, 2, \cdots, n$)。注意到 $f_n(b)$ 就是所求的(10.2)的最大值。由 $f_k(y)$ 的定义,有

$$f_k(y) = \max x_0 = \sum_{j=1}^{k} c_j x_j,$$

$$\text{s.t.} \quad \sum_{j=1}^{k} a_j x_j \leqslant y, \tag{10.3}$$

$$x_j \geqslant 0 \text{ 且为整数}, j = 1, 2, \cdots, k \, 。$$

在(10.3)式中,孤立也对待 x_k,对于每一个取定的 x_k,可考察重量限定为 $y - a_k x_k$,只使用前 $k-1$ 类设备时的最大值。注意到 x_k 可取值 $0, 1, \cdots$, $[y/a_k]$([z] 为不大于 z 的最大整数),有

$$f_k(y) = \max \{ c_k x_k + \sum_{j=1}^{k-1} c_j x_j \}$$

$$
= \max_{x_k=0,1,\cdots,[y/a_k]} c_k x_k + \begin{cases} \max \displaystyle\sum_{j=1}^{k-1} c_j x_j, \\ \text{s. t. } \displaystyle\sum_{j=1}^{k-1} a_j x_j \leqslant y - a_k x_k, \\ x_j \geqslant 0 \text{ 且为整数}, j=1,2,\cdots,k-1. \end{cases} \tag{10.4}
$$

(10.4)式第二项的 max 是对满足方程号内条件的 $x_1,\cdots,x_{k-1}$ 取的。按照定义,等式后面的第二项可记为 $f_{k-1}(y-a_k x_k)$,由此,对于 $k=2,\cdots,n$ 且 $y=0$,$1,\cdots,b$,(10.3)式可写为

$$
f_k(y) = \max_{x_k=0,1,\cdots,[y/a_k]} (c_k x_k + f_{k-1}(y-a_k x_k)) 。 \tag{10.5}
$$

求解(10.1)式可从计算(10.5)式开始。

对于 $k=1$,注意到 $c_1 > 0$,那么

$$
f_1(y) = \max_{x_k=0,1,\cdots,[y/a_k]} c_1 x_1 = c_1 \cdot \left[\frac{y}{a_1}\right] ,
$$

即此时最优解为取 $x_1 = \left[\dfrac{y}{a_1}\right]$。

现在讨论在给定 y 和 k 情况下方程(10.5)的最优解。若最优解中对应的 $x_k=0$,那么 $f_k(y)=f_{k-1}(y)$,即此时考虑装载前 k 类设备和只考虑装载前 $k-1$ 类设备的最优解相同。另一方面,若最优解对应的 $x_k > 0$(此时当然有 $a_k \leqslant y$),即最优解中至少包含一件第 k 类设备,此时的最优值与用下面方法求得的最优值相同;先选定一件第 k 类设备,再考虑限定重量为 $y-a_k$,仍在前 k 类设备中选择最优值,此时有

$$
f_k(y) = c_k + f_{k-1}(y-a_k),
$$

由此,对于给定的 y,

$$
x_k = 0 \Rightarrow f_k(y) = f_{k-1}(y),
$$

$$
x_k > 0 \Rightarrow f_k(y) = c_k + f_{k-1}(y-a_k);
$$

结合上述两式并规定 $f_0(y)=0, y=0,1,\cdots,b$,得到,当 $a_k \leqslant y$ 时,对 $y=0,1,\cdots,b; k=1,2,\cdots,n$ 有

$$
f_k(y) = \max(f_{k-1}(y), c_k + f_{k-1}(y-a_k)\} 。 \tag{10.6}
$$

求解(10.6)式比解(10.5)式简单,这是由于(10.5)式中最大值只涉及两个数比较。

为解(10.6)式中的 $f_k(y)$,必须知道 $f_{k-1}(y)$ 和 $f_{k-1}(y-a_k)$;由此,必须依 $k=1,2,\cdots,n$ 次序计算 $f_k(y)$,对固定的 k,应按照 $y=0,1,\cdots,b$ 的次序计

算 $f_k(y)$。下面对于所有 y 和 k 引入指示函数 $P_k(y)$ 如下：

$$P_k(y)=\begin{cases}0,& 若\ f_k(y)=f_{k-1}(y),\\ 1,& 若\ f_k(y)>f_{k-1}(y).\end{cases}$$

其中 $P_k(y)$ 表示对给定的 y 和 k（在载重量为 y，设备限制在前 k 类中选择）最佳方案中是否包含第 k 类设备。

背包问题的具体算法如下：

步 1. 初始值 $k=0$，对 $y=0,1,\cdots,b$，令 $f_0(y)=0$，转步 2。

步 2. 置 $k=k+1$，对所有的 $y<a_k$（注意到此时 $x_k=0$），置 $f_k(y)=f_{k-1}(y)$，且 $P_{k-1}(y)=0$。对 $y=a_k$，转步 3。

步 3. 计算 $v=c_k+f_{k-1}(y-a_k)$，若 $v>f_{k-1}(y)$，置 $f_k(y)=v$ 且 $P_k(y)=1$；否则，取 $f_k(y)=f_{k-1}(y)$ 且 $P_k(y)=0$，转步 4。

步 4. 若 $y<b$，设 $y=y+1$ 且返回步 3；若 $y=b$，转步 5。

步 5. 若 $k<n$，返回步 2；若 $k=n$，置 $z=0$ 并且转步 6。

（z 是作为 x_k 的最优值的计数，$k=1,\cdots,n$）

步 6. 若 $P_k(y)=1$，置 $z=z+1$ 并且转步 7；若 $P_k(y)=0$，转步 8。

步 7. 置 $y=y-a_k$ 并且返回步 6。

步 8. 置 $x_k=z$ 且 $z=0$，若 $k>1$，取 $k=k-1$ 并且返回步 6；若 $k=1$，终止。

如

$$\max\ x_6=11x_1+7x_2+5x_3+x_4,$$
$$\text{s. t.}\quad\begin{cases}6x_1+4x_2+3x_3+x_4\leqslant25,\\ x_1,\cdots,x_4\geqslant0\ 为整数.\end{cases}$$

用上述算法可得到最优解　$x_1=3$，$x_2=x_3=1$，$x_4=0$。

课后练习题：若将例 10-1 中每周连续工作的天数 5 天改为 6 天，请给出总人数最少的营业员排班方案。

§10.2* 多目标规划模型及其处理方法

如在生产产品时，可能既要考虑利润最大又要考虑材料最省等。多目标规划问题的数学模型一般形式为

$$\begin{cases} \min f_1(x_1,x_2,\cdots,x_n), \\ \vdots \\ \min f_m(x_1,x_2,\cdots,x_n), \\ \text{s. t.} \begin{cases} g_j(x_1,x_2,\cdots,x_n) \geqslant 0, j=1,2,\cdots,p; \\ h_k(x_1,x_2,\cdots,x_n)=0, k=1,2,\cdots,q. \end{cases} \end{cases} \quad (10.7)$$

记 $F(X)=[f_1(X) \quad f_2(X) \quad \cdots \quad f_m(X)]^{\mathrm{T}}, X=[x_1 \quad x_2 \quad \cdots \quad x_n]^{\mathrm{T}};$

$$E=\{X \mid X \in R^n, g_j(X) \geqslant 0, h_k(X)=0, j=1,2,\cdots,p; k=1,2,\cdots,q\};$$

则多目标规划模型可以表述为

$$V=\min_{\text{s. t.} X \in E} F(X)=[f_1(X) \quad f_2(X) \quad \cdots \quad f_m(X)]^{\mathrm{T}} \, 。 \quad (10.8)$$

下面介绍几种多目标规划模型的处理方法,关键是将多目标规划问题化为单目标规划来处理。

10.2.1 约束法

据问题的实际意义,从(10.8)式的 m 个目标中,选取一个主要目标作为单目标规划问题的目标函数,如取 $f_1(X)$ 作为单目标规划问题的目标函数,其它的目标函数只要它不超过某个给定的数即可,那么就可以化为如下的单目标规划模型:

$$\min f_1(X)$$
$$\text{s. t.} \begin{cases} g_j(X) \geqslant 0, j=1,2,\cdots,p; \\ h_k(X)=0, k=1,2,\cdots,q; \\ f_i(X) \leqslant \delta_i, i=2,3,\cdots,m。 \end{cases} \quad (10.9)$$

10.2.2 分层序列法

根据实际问题的需要,将其 m 个目标按重要程度排一个次序,最重要的排在最前面,依次排下去,并选取一组适当小的正数 $\delta_1,\delta_2,\cdots,\delta_{m-1}$,逐层地求解。

例 10-5(具体求解步骤) 若 m 个目标的重要程度为 $f_1(X),f_2(X),\cdots,$ $f_m(X)$,求 $\min_{X \in E}(f_1(X),f_1(X),\cdots,f_m(X))$。

解 先求出 $\quad\quad\quad\quad \min_{X \in E} f_1(X)=f_1^*;$

再求 $\quad\quad\quad\quad\quad\quad \min_{X \in E_1} f_2(X)=f_2^*,$

其中 $\quad\quad\quad\quad\quad\quad E_1=\{X \mid f_1(X) \leqslant f_1^*+\delta_1, X \in E\};$

接着求
$$\min_{X\in E_2} f_3(X) = f_3^*,$$

其中　$E_2 = \{X \mid f_1(X) \leqslant f_1^* + \delta_1, f_2(X) \leqslant f_2^* + \delta_2, X \in E\}$；

依此下去，最后求得
$$\min_{X\in E_{m-1}} f_m(X) = f_m^*,$$

其中　$E_{m-1} = \{X \mid f_j(X) \leqslant f_j^* + \delta_j, j = 1, 2, \cdots, m-1; X \in E\}$。

最后求得的解就是满足多目标规划的有效解。

10.2.3　功效系数法

对于多目标规划问题，有时候目标函数的量纲不一致，直接计算没有什么意义，计算出的结果也无法判别其最优性。为此，就用功效系数来判别目标的好坏程度。

设 $\min\limits_{X\in E} f_j(X) = \underline{f}_j, \max\limits_{X\in E} f_j(X) = \bar{f}_j$；

当目标为 $\min\limits_{X\in E} f_j(X)$ 时，定义功率函数为：

$$d_j(f_j(X)) = \begin{cases} 1, & f_j(X) = \underline{f}_j; \\ 0, & f_j(X) = \bar{f}_j; \\ \dfrac{\bar{f}_j - f_j(X)}{\bar{f}_j - \underline{f}_j}, & \underline{f}_j < f_j(X) < \bar{f}_j. \end{cases}$$

当目标为 $\max\limits_{X\in E} f_j(X)$ 时，定义功率函数为：

$$d_j(f_j(X)) = \begin{cases} 1, & f_j(X) = \bar{f}_j; \\ 0, & f_j(X) = \underline{f}_j; \\ \dfrac{f_j(X) - \underline{f}_j}{\bar{f}_j - \underline{f}_j}, & \underline{f}_j < f_j(X) < \bar{f}_j. \end{cases}$$

其中 $d_j(f_j(X))$ 是 $f_j(X)$ 的严格单调的线性函数，$d_j = \begin{cases} 1, & 满意 \\ 0, & 不满意 \end{cases}$。

考虑所有目标函数的功率系数的几何平均数

$$H(F(X)) = \Big[\prod_{j=1}^{m} d_j(f_j(X))\Big]^{\frac{1}{m}},$$

并求解
$$\max_{X\in E} H(F(X)).$$

10.2.4 评价函数法

这种方法是先构造一个与所有目标函数有关的函数,然后求相应的单目标规划问题的最优解。

①乘除法

设在目标函数中要求 $f_1,f_2,\cdots,f_r$ 越小越好,$f_{r+1},f_{r+2},\cdots,f_m$ 越大越好,且 $f_j(X)>0,(j=1,2,\cdots,m)$。可以构造评价函数

$$H(F(X)) = \Big[\prod_{j=1}^{r} f_j(X)\Big]/\Big[\prod_{j=r+1}^{m} f_j(X)\Big],$$

求解 $\min_{X\in E} H(F(X))$ 。

②平方和加法

对于给定的多目标规划问题(10.7),设 $f_j(X)$ 的最小值的下界为 f_j^0,即

$$\min_{X\in E} f_j(X) \geqslant f_j^0, \quad (j=1,2,\cdots,m)。$$

对于实际问题,考虑 $f_1(X),f_2(X),\cdots,f_m(X)$ 的不同重要程度,确定一组权系数 $\lambda_1 \geqslant 0,\lambda_2 \geqslant 0,\cdots,\lambda_m \geqslant 0$,且 $\sum_{j=1}^{m}\lambda_j = 1$,作评价函数

$$H(F(X)) = \sum_{j=1}^{m}\lambda_j (f_j(X)-f_j^0)^2;$$

然后求解单目标规划问题:$\min_{X\in E} H(F(X))$。

③ 线性权和法

对于给定的多目标规划问题(10.7),根据 m 个目标函数,考虑 $f_1(X),f_2(X),\cdots,f_m(X)$ 的不同重要程度,确定一组权系数 $\lambda_1 \geqslant 0,\lambda_2 \geqslant 0,\cdots,\lambda_m \geqslant 0$,且 $\sum_{j=1}^{m}\lambda_j = 1$。

作评价函数 $\qquad H(F(X)) = \sum_{j=1}^{m}\lambda_j f_j(X)$,

然后求解单目标规划问题: $\min_{X\in E} H(F(X))$。

注:若某些权系数取值为 0,则相应的目标函数在最终目标中的重要性得不到体现,则可以给定这些函数一个取值范围,将它作为一个约束条件加入最终目标规划问题。

10.2.5　权系数的确定方法

①α-方法

对于给定的多目标规划模型(10.7)，

设　　　　　　$f_j(X^j)=\min\limits_{X\in E}f_j(X)，\quad(j=1,2,\cdots,m)，$

即 X^j 是 $f_j(X)$ 的极小值点，然后求出各目标函数在 X^j 处的函数值：

$$f_{ij}=f_i(X^j)，\quad(i,j=1,2,\cdots,m)。$$

由定义可知 $f_{ij}=f_i(X^j)\geqslant f_i(X^i)$，在此不妨假定 X^j 只是 $f_j(X)$ 的极小值点，不是其他函数 $f_i(X)$ 的极小值点。

引进参数 α，并作如下 $m+1$ 阶线性方程组：

$$\begin{cases}\sum\limits_{i=1}^m f_{ij}\cdot\omega_i=\alpha，\quad(j=1,2,\cdots,m)；\\[2mm]\sum\limits_{i=1}^m\omega_i=1。\end{cases}\tag{10.10}$$

解方程组(10.10)，即可求出权系数向量 $\omega=(\omega_1,\omega_2,\cdots,\omega_m)$。

②均差排序法

设 $f_j(X)$ 在 E 上的极小值点为 X^j，

即　　　　　　$f_j(X^j)=\min\limits_{X\in E}f_j(X)，\quad(j=1,2,\cdots,m)，$

利用这 m 个极小值点，可以求出第 i 个目标关于其它极小值点的离差：

$$\delta_{ij}=f_i(X^j)-f_i(X^i)，\quad(i,j=1,2,\cdots,m)。$$

特别地，当 $i=j$ 时，有 $\delta_{ii}=f_i(X^i)-f_i(X^i)=0$。

对于其他的离差，因为 X^i 为 $f_i(X)$ 的极小值点，故有 $\delta_{ij}\geqslant 0$。

设各 $X^i，(i=1,2,\cdots,m)$ 不全相同，则至少有一个 $i\neq j$ 使得 $\delta_{ij}>0$。

令　　　　　$\Delta_i=\dfrac{\sum\limits_{j=1}^m\delta_{ij}}{m-1}>0，\quad(i=1,2,\cdots,m)。$

现在给 Δ_i 从大到小排序，不妨设为

$$\Delta_1\geqslant\Delta_2\geqslant\cdots\geqslant\Delta_m>0，$$

然后令　　　　$\omega_i=\dfrac{\Delta_{m+1-i}}{\sum\limits_{j=1}^m\Delta_j}，\quad(i=1,2,\cdots,m)，$

则向量 $\omega=\begin{bmatrix}\omega_1 & \omega_2 & \cdots & \omega_m\end{bmatrix}$ 就是我们确定的权向量。

③判断矩阵法

当某个问题需要确定的权系数的项数非常多时,就难以对所有各项的重要程度作一个比较准确的判断。鉴于两两各项之间的重要程度易于比较判别,故我们可以用比较判别矩阵来确定权系数。

为了确定权系数,可先构造判断矩阵

$$A = (a_{ij})_{m \times m} = \begin{bmatrix} a_{11} & \cdots & a_{1m} \\ \vdots & & \vdots \\ a_{m1} & \cdots & a_{mm} \end{bmatrix},$$

其中 $a_{ji} = \dfrac{1}{a_{ij}}, a_{ii} = 1, \quad (i, j = 1, 2, \cdots, m)$。

对于 A 中的每一行作几何平均,得到 $\alpha_i = \left(\prod\limits_{j=1}^{m} a_{ij} \right)^{\frac{1}{m}}$,然后将向量 $\alpha = [\alpha_1 \quad \alpha_2 \quad \cdots \quad \alpha_m]^{\mathrm{T}}$ 规范化,得到问题的一组权系数:

$$\omega_i = \frac{\alpha_i}{\sum\limits_{j=1}^{m} \alpha_j}, \quad (i = 1, 2, \cdots, m)。$$

注:2003 年全国大学生数学建模竞赛题"露天矿生产的车辆安排",用到了多目标规划模型。

例 10-6(食物采购) 某班级计划举办一个聚会,需要采购瓜子、水果和糖果,瓜子每千克 8 元,水果每千克 5 元,糖果每千克 12 元,同学们对三种不同食物喜爱程度不同,而且数量越大满意程度越高,可以简化为整个班级因为采购了某种食品而提高的满意度与该种食品数量成正比,比例系数是三种食品之间比较而得到的相对喜爱程度。糖果作为比较参照物,其喜爱程度设为 1,瓜子相对于糖果的喜爱程度为 0.5,对水果的喜爱程度为 0.4,为保证基本需要,瓜子至少要买 10(kg),水果至少买 5(kg),糖果至少买 2(kg),班级共有 40 人,每人最多收 20 元班费,如何采购可以使花钱最少而满意度最高?

解(分析) 此问题有两个优化目标:一个是花钱最少,另一个是满意度最高。如何平衡这两个方面的要求是解决本问题的关键。

设三种食物的采购量:瓜子 x_1(kg),水果 x_2(kg),糖果 x_3(kg)。

则

目标函数为:①采购三种食物花钱总数 $z_1 = 8x_1 + 5x_2 + 12x_3$;

②班级对采购结果的满意度 $z_2 = 0.5x_1 + 0.4x_2 + x_3$。

约束条件:总费用不能超过 800(元),且瓜子至少要买 10(kg),水果至少买 5(kg)，糖果至少买 2(kg)。

建立多目标规划模型：

$$\begin{cases} \text{Min } z_1 = 8x_1 + 5x_2 + 12x_3, \\ \text{Max } z_2 = 0.5x_1 + 0.4x_2 + x_3, \end{cases}$$

$$\text{s. t.} \begin{cases} 8x_1 + 5x_2 + 12x_3 \leqslant 800, \\ x_1 \geqslant 10, \ x_2 \geqslant 5, \ x_3 \geqslant 2. \end{cases}$$

模型求解：（采用加权系数法）令 $z = a \cdot z_1 + b \cdot z_2$，其中权因子 $a \geqslant 0, b \geqslant 0$，且 $a + b = 1$。这样将多目标规划模型化为单目标规划问题。

鉴于权重系数 a 和 b 反映两个目标之间相对的重要程度，故它们可以通过专家根据经验或大家协商等方式产生。注意到：尽管满意度和总花费都是三种食品数量的线性函数，但因系数相差 10 多倍所以函数值相差 10 多倍。因而，我们在作加权组合时应使两个目标函数在数量级上相同，数值大小上比较接近，这样才能体现权重的含义。

在本题中，可令 $z = a \times (-z_1) + b \times 14 \times z_2$，得到单目标规划模型如下：

$$\text{Max } z = -a(8x_1 + 5x_2 + 12x_3) + 14b(0.5x_1 + 0.4x_2 + x_3),$$

$$\text{s. t.} \begin{cases} 8x_1 + 5x + 12x \leqslant 800, \\ x_1 \geqslant 10, x_2 \geqslant 5, x_3 \geqslant 2. \end{cases}$$

可用 Matlab 软件包计算出：当选取 $a = 0.2, b = 0.8$ 时，得到 $x_1 = 10(\text{kg}), x_2 = 5(\text{kg}), x_3 = 57.91667(\text{kg})$。

（编程计算作为课后练习题）

第 11 章　数学建模一实例

§11.1　问　题

给出汽轮发电机定子端部线棒坐标及法向的数学模型。

§11.2　背　景

为了计算汽轮发电机中的电磁力及定子端部线棒内股线间的环流,要求计算出线棒上各点的磁场;而应用比一奥定律直接积分法计算端部磁场时,需要将端部线棒上各坐标点上算得的 x,y,z 三个方向上的磁场值投影到线棒的宽面与窄面,这需要获得线棒面上各点的法线方向,故要求建立线棒面的空间数学方程。

§11.3　据平面图纸推导出线棒的平面曲线方程

①先考察线棒的平面曲线方程如图 11-1 所示。

在图 11-1(a)中,$\overset{\frown}{E_1E_2}$ 是一段圆弧,$\overset{\frown}{E_2E_3}$ 是一段渐伸线,其基圆圆心在 O 处,半径为 $OQ_1=R$;$\overset{\frown}{E_3E_4}$ 也是一段圆弧。已知 $\overset{\frown}{E_1E_2}$ 和 $\overset{\frown}{E_2E_3}$ 在 E_2 处切线重合,$\overset{\frown}{E_2E_3}$ 和 $\overset{\frown}{E_3E_4}$ 在 E_3 处切线也重合;已知 O_1 和 O_2 分别是弧段 $\overset{\frown}{E_1E_2}$、$\overset{\frown}{E_3E_4}$ 的圆心,且 $O_1E_2=R_1,O_2E_3=R_2,Q_1E_2=P,\angle E_1O_1E_2=F_0,\angle E_3O_2E_4=F_1$,$\angle E_2OE_3=F_2$。又记 $\alpha_1=\angle xOE_1,\alpha_2=\angle xOE_2,\alpha_3=\angle xOE_3,\alpha_4=\angle xOE_4,\alpha_6=\angle xOO_1,\alpha_5=\angle xOO_2,u_1=\angle E_1Q_1O_1,u_2=\angle OQ_1E_1,u_3=\angle E_1OE_2,u_5=\angle O_2OE_3$;记 $\rho_1=OE_1,\rho_2=OE_2,\rho_3=OE_3,\rho_4=OE_4,u_6=\angle O_2OE_4,\theta_4=\angle OO_2Q_2,\theta_6=\angle xOQ_1,d=Q_1E_1,\bar{\theta}_0=\angle O_1OQ_1$。

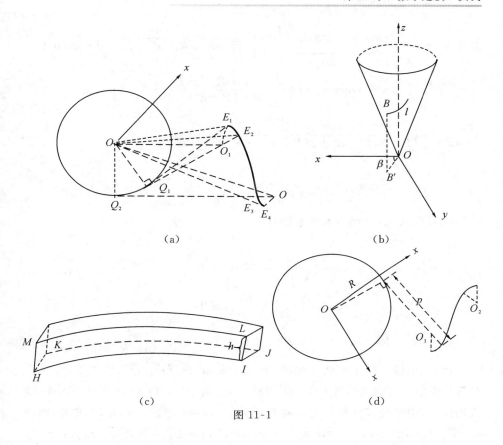

图 11-1

② 由平面解析几何知识,可以得到:

(1)下层线棒的平面曲线在极坐标系下的方程式(注:极轴为$\overrightarrow{Ox}$)如下:令 $RF=1.0$,

$$\rho=\begin{cases} a\cdot\cos(\alpha-\alpha_6)+RF\cdot\sqrt{R_1^2-a^2\cdot\sin^2(\alpha-\alpha_6)}, & \alpha_1\leqslant\alpha\leqslant\alpha_2; \\ \dfrac{R}{\cos(t)}, & \text{其中 }\alpha=\tan(t)-t, \quad 0\leqslant t<\dfrac{\pi}{2}, \quad \alpha_2\leqslant\alpha\leqslant\alpha_3; \\ c\cdot\cos(\alpha-\alpha_5)-RF\cdot\sqrt{R_2^2-c^2\cdot\sin^2(\alpha-\alpha_5)}, & \alpha_3\leqslant\alpha\leqslant\alpha_4. \end{cases}$$

$$(11.1)$$

在公式(11.1)中 $a=\sqrt{(P-R_1)^2+R^2}$,$\alpha_2=\dfrac{P}{R}-\arctan\left(\dfrac{P}{R}\right)$,$\alpha_6=\dfrac{P}{R}-\arctan\left(\dfrac{P-R_1}{R}\right)$,$\alpha_3=\alpha_2+F_2$,$\alpha_1=\alpha_2-u_3$,

其中 $u_3 = \arccos\left(\dfrac{\rho_1^2 + \rho_2^2 - 4R_1^2 \sin^2\left(\dfrac{F_0}{2}\right)}{2\rho_1\rho_2}\right)$，而 $\rho_1 = \sqrt{R_1^2 + d^2 - 2R \cdot d \cdot \sin(u_1)}$，

$\rho_2 = \sqrt{R^2 + P^2}$，$u_1 = \arccos Q$，$Q = \dfrac{d^2 + (P - R_1)^2 - R_1^2}{2d \cdot (P - R_1)}$，

$$d = \sqrt{(P - R_1)^2 + R_1^2 + 2(P - R_1) \cdot R_1 \cdot \cos(F_0)};$$

$c = \sqrt{R^2 + (b + R_2)^2}$，$b = \sqrt{\rho_3^2 - R^2}$，$\rho_3 = \dfrac{R}{\cos(t(\alpha_3))}$，此处 $t(\alpha_3)$ 表示

由方程式 $\alpha_3 = \tan t - t$ 确定的 t；

$$\alpha_5 = \alpha_3 - u_5 = \alpha_3 - \arccos\left(\frac{\rho_3^2 + c^2 - R_2^2}{2\rho_3 \cdot c}\right);$$

$$\alpha_4 = \alpha_5 + u_6 = \alpha_5 + \arccos\left(\frac{c^2 + \rho_4^2 - R_2^2}{2c \cdot \rho_4}\right),\text{其中}$$

$\rho_4 = \sqrt{c^2 + R_2^2 - 2R_2 \cdot c \cdot \cos\theta_4}$，又 $\theta_4 = F_1 + \arctan\left(\dfrac{R}{b + R_2}\right)$。

（2）上层线棒的平面曲线如图 11-1(d) 所示；设 $\overrightarrow{O'x'} /\!/ \overrightarrow{Ox}$，记 $F \triangleq \angle xO'x'$；对 RF 作如下再定义：当 $F \neq 0$ 时，$RF = -1.0$；而 $\alpha_i,(i = 1, 2, \cdots, 6)$，$a, c$ 之值仍按（1）中的公式计算；假定此时已将 $\alpha_i,(i = 1, 2, \cdots, 6)$，$a, c$ 求出，则令 $\alpha_i' = F - \alpha_i,(i = 1, 2, \cdots, 6)$，$\bar{c} = a$，$\bar{a} = c$，$\bar{\alpha}_1 = \alpha_4'$，$\bar{\alpha}_2 = \alpha_3'$，$\bar{\alpha}_3 = \alpha_2'$，$\bar{\alpha}_4 = \alpha_1'$，$\bar{\alpha}_5 = \alpha_6'$，$\bar{\alpha}_6 = \alpha_5'$，$\bar{R}_1 = R_2$，$\bar{R}_2 = R_1$；利用（1）得到以极轴 $\overrightarrow{o'x}$ 的上层线棒平面曲线极坐标系下的方程式：

$$\rho = \begin{cases} \bar{a} \cdot \cos(\alpha - \bar{\alpha}_6) + RF \cdot \sqrt{\bar{R}_1^2 - \bar{a}^2 \cdot \sin^2(\alpha - \bar{\alpha}_6)}, & \bar{\alpha}_1 \leqslant \alpha \leqslant \bar{\alpha}_2; \\ \dfrac{R}{\cos(t)}, \quad \text{其中 } F - \alpha = \tan(t) - t, \quad 0 \leqslant t < \dfrac{\pi}{2}, & \bar{\alpha}_2 \leqslant \alpha \leqslant \bar{\alpha}_3; \\ \bar{c} \cdot \cos(\alpha - \bar{\alpha}_5) - RF \cdot \sqrt{\bar{R}_2^2 - \bar{c}^2 \cdot \sin^2(\alpha - \bar{\alpha}_5)}, & \bar{\alpha}_3 \leqslant \alpha \leqslant \bar{\alpha}_4. \end{cases}$$

$$(11.2)$$

（3）不难得到（11.1）式的 $\rho'(\alpha)$ 如下：

$$\rho'(\alpha)=\begin{cases} -a\cdot\sin(\alpha-\alpha_6)-RF\cdot a^2\cdot\dfrac{\sin(2(\alpha-\alpha_6))}{2\sqrt{R_1^2-a^2\cdot\sin^2(\alpha-\alpha_6)}}, & \alpha_1\leqslant\alpha\leqslant\alpha_2; \\[3mm] \dfrac{R}{\sin t},\ \text{其中 } \alpha=\tan t-t,\ 0\leqslant t<\dfrac{\pi}{2}, & \alpha_2\leqslant\alpha\leqslant\alpha_3; \\[3mm] -c\cdot\sin(\alpha-\alpha_5)+RF\cdot c^2\cdot\dfrac{\sin(2(\alpha-\alpha_5))}{2\sqrt{R_2^2-c^2\cdot\sin^2(\alpha-\alpha_5)}}, & \alpha_3\leqslant\alpha\leqslant\alpha_4. \end{cases}$$

§11.4　定子端部线棒的方程式

定子端部线棒如图 11-1(c)所示,记曲面 $HIJK$ 为 S_1,即窄面;曲面 $HILM$ 为 S_2,即宽面;曲线段 $\overset{\frown}{HI}$ 即为图 11-1(b)中的线段 l,它位于一个以半顶角为 θ 的圆锥面上,若将锥面展开成平面,则 l 在此平面上的极坐标系下方程式为(11.1)或(11.2),而线段 $\overset{\frown}{HI}$ 上的所有关于圆锥面的法线形成曲面 S_2,S_1 在圆锥面上。

在图 11-(b)中,任取 l 上一点 B,记点 B 在 xOy 平面上的投影为 B',并设 $\beta=\angle xOB'$,l 的起始点 B_1 在 xOy 平面上的投影为 B_1',记 $\beta_0=\angle xOB_1'$,又 $\rho=OB$,$\rho_1=OB_1$;因为 $\rho=\rho(\alpha)$,所以有 α_1 使 $\rho_1=\rho(\alpha_1)$,则 $\beta=\dfrac{\alpha-\alpha_1}{\sin\theta}+\beta_0$。

由空间解析几何知识,不难得到:

S_1 的方程式:$F(x,y,z)=\sqrt{x^2+y^2}-z\cdot\tan\theta=0$;

S_2 的方程式:$G(x,y,z)=\dfrac{\rho(\alpha)}{\cos\theta}+\dfrac{k\cdot x}{\cos\beta}-z=0$,

其中　$\alpha=\left(\arctan\left(\dfrac{y}{x}\right)+k_0\pi-\beta_0\right)\cdot\sin\theta+\alpha_1$,$\beta=\arctan\left(\dfrac{y}{x}\right)+k_0\pi$,$k_0$ 为某一整数,$k=-\tan\theta$。

§11.5　定子端部线棒的法向数学模型

在点 $(x,y,z)\in S_1$ 处的法向 $\overrightarrow{EN}$:

$$\overrightarrow{EN}=\left(\frac{\cos\beta}{\sqrt{1+\tan^2\theta}},\ \frac{\sin\beta}{\sqrt{1+\tan^2\theta}},\ -\frac{\tan\beta}{\sqrt{1+\tan^2\theta}}\right);$$

在点 $(x,y,z)\in S_2$ 处的法向 $\overrightarrow{GN}$:

$$\overrightarrow{GN} = \left(\frac{G_x}{\sqrt{G_x^2 + G_y^2 + 1}}, \frac{G_y}{\sqrt{G_x^2 + G_y^2 + 1}}, -\frac{1}{\sqrt{G_x^2 + G_y^2 + 1}} \right).$$

下面给出 G_x 和 G_y 的计算公式：

$G_x = \dfrac{u_x}{\cos\theta} + \dfrac{k}{v} - \dfrac{k \cdot x \cdot v_x}{v^2}$，$G_y = \dfrac{u_y}{\cos\theta} - \dfrac{k \cdot x \cdot v_y}{v^2}$，其中 $u = \rho(\alpha(x, y))$，

$v = v(x, y) = \cos(\beta(x, y))$，$u_x = -\dfrac{y \cdot \sin\theta \cdot \rho'(\alpha)}{x^2 + y^2}$，$u_y = \dfrac{x \cdot \sin\theta \cdot \rho'(\alpha)}{x^2 + y^2}$，$v_x = \dfrac{y \cdot \sin\beta}{x^2 + y^2}$，$v_y = -\dfrac{x \cdot \sin\beta}{x^2 + y^2}$。

若 $(x, y, z) \in S_1 \bigcap S_2$（两曲面的交集），则可化简为：

$$u_x = -\frac{\sin\beta \cdot \rho'(\alpha)}{\rho(\alpha)}, u_y = \frac{\cos\beta \cdot \rho'(\alpha)}{\rho(\alpha)}, v_x = \frac{\sin^2\beta}{\rho(\alpha) \cdot \sin\theta},$$

$$v_y = -\frac{\cos\beta \cdot \sin\beta}{\rho(\alpha) \cdot \sin\theta}.$$

§11.6 定子端部线棒的坐标数学模型

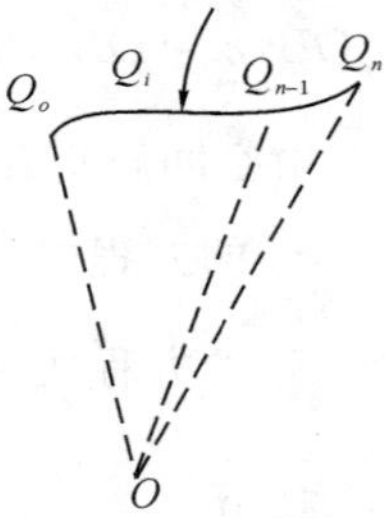

在实际计算端部磁场时，我们仅考虑线棒上的等分点；由于等分线棒等价于等分曲线 l；设将曲线段 l（或图 11-1(c)中的线段 $\overset{\frown}{HI}$）n 等分，如图 11-2 所示，在图 11-2 中 Q_i 是 l 的第 i 个等分点，现在求 Q_i 点在以 $\overrightarrow{Ox}$（或 $\overrightarrow{O'x}$）为极轴的极坐系下对应的极角 α_i^*，$(1 \leqslant i \leqslant n-1)$。

记 $\overset{\frown}{Q_0 Q_n}$ 的长度为 S，$\overset{\frown}{Q_0 Q_i}$ 的长度为 L_i，因为 $S = \int_{\alpha_1}^{\alpha_4} \sqrt{[\rho'(\alpha)]^2 + [\rho(\alpha)]^2}\, d\alpha$，$L_i = \int_{\alpha_1}^{\alpha_i^*} \sqrt{[\rho'(\alpha)]^2 + [\rho(\alpha)]^2}\, d\alpha$，其中 $\rho = \rho(\alpha)$ 是线段 l 在平面图纸上的极坐标系下的方程

图 11-2

式，又有 $L_i = i \cdot \left(\dfrac{S}{n} \right)$，即：

$$\int_{\alpha_1}^{\alpha_i^*} \sqrt{[\rho'(\alpha)]^2 + [\rho(\alpha)]^2}\, d\alpha = L_i, \text{其中 } 1 \leqslant i \leqslant n-1; \quad (11.3)$$

所以，作 $E(x) = \int_{\alpha_1}^{x} \sqrt{[\rho'(\alpha)]^2 + [\rho(\alpha)]^2}\, d\alpha - L_i$，这样求 α_i^* 等价于求 $E(x)$ 在 $[\alpha_1, \alpha_4]$ 中的零点。

由于 $E'(x) = \sqrt{[\rho'(x)]^2 + [\rho(x)]^2} > 0$，$E(\alpha_1) \leqslant 0$，$E(\alpha_4) \geqslant 0$，据介

值定理得如下性质 1。

性质 1：$E(x)$ 在 $[\alpha_1,\alpha_4]$ 内有唯一的零点 α_i^*。

为了利用计算机求解（11.3）式中的 α_i^*，则须先将精确积分化成数值积分；不妨假定采用 m 个节点的高斯（Gauss）型求积公式，并记 $f(t)=\sqrt{[\rho'(t)]^2+[\rho(t)]^2}$，则由 $\rho(t)$ 的构造过程不难得到如下性质 2.

性质 2：$f(t)\in C[\alpha_1,\alpha_4]$；且存在 $\rho_0>0$，使得 $f(t)\geqslant \rho_0$，$t\in[\alpha_1,\alpha_4]$。

事实上，（11.3）式在高斯求积意义下，化成：

$$\frac{(\alpha_i^{(m)}-\alpha_1)}{2}\cdot\sum_{k=1}^m f\left(\frac{\alpha_i^{(m)}-\alpha_1}{2}\cdot t_k^{(m)}+\frac{\alpha_i^{(m)}+\alpha_1}{2}\right)\cdot A_i^{(m)}=L_i^{(m)}, \quad (11.4)$$

其中 $L_i^{(m)}=\frac{i}{n}S^{(m)}=\frac{i}{n}\cdot\frac{(\alpha_4-\alpha_1)}{2}\cdot\sum_{k=1}^m f\left(\frac{\alpha_4-\alpha_1}{2}\cdot t_k^{(m)}+\frac{\alpha_4+\alpha_1}{2}\right)\cdot A_i^{(m)}$ 而 $t_k^{(m)}$、$A_k^{(m)}$，$(k=1,2,\cdots,m)$ 分别是 $[-1,1]$ 上 m 个节点高斯型求积公式的高斯点、高斯系数。

由数值分析知识可知：当 $m\to\infty$ 时，$S^{(m)}\to S$，$L_i^{(m)}\to L_i$。

考虑方程 $\bar{E}(x)=\frac{(x-\alpha_1)}{2}\cdot\sum_{k=1}^m f\left(\frac{x-\alpha_1}{2}\cdot t_k^{(m)}+\frac{x+\alpha_1}{2}\right)\cdot A_i^{(m)}-L_i^{(m)}$，得到 $\bar{E}(\alpha_1)=-L_i^{(m)}\leqslant 0$，$\bar{E}(\alpha_4)=S^{(m)}-L_i^{(m)}>0$，因此 $\bar{E}(x)$ 在 $[\alpha_1,\alpha_4]$ 中有零点，记作 $\alpha_i^{(m)}$。

关于 $\alpha_i^{(m)}$ 的收敛性，我们有如下结论。

定理 1：若 $f(t)$ 具有性质 2，则由（11.4）式求出的解 $\alpha_i^{(m)}$，当 $m\to\infty$ 时，$\alpha_i^{(m)}\to\alpha_i^*$。

利用维尔斯特拉斯定理及高斯型求积公式对不超过其代数精度的多项式恒成立的性质，可以证明定理 1，详证略。

求（11.4）式的解 $\alpha_i^{(m)}$ 可采用二分法，定理 1 保证了在高斯型数值求积下求 α_i^* 的可行性。在实用中，取 $m=3$（或用复合三点）高斯－勒让德求积公式就可获得满足工程需要的近似 α_i^*。

上述方法求出了近似的 α_i^*，然后利用下式：

$$x=\rho(\alpha)\cdot\sin\theta\cdot\cos\beta, \quad y=\rho(\alpha)\cdot\sin\theta\cdot\sin\beta, \quad z=\rho(\alpha)\cdot\cos\theta,$$

其中 $\beta=\frac{\alpha-\alpha_1}{\sin\theta}+\beta_0$，求出 Q_i 在空间中的坐标 (x_i,y_i,z_i)，此时 $(x_i,y_i,z_i)\in S_1\bigcap S_2$，利用 §11.5 中的公式求出相应的法向 $\overrightarrow{EN}$、$\overrightarrow{GN}$，这样 $(x_i^h,y_i^h,z_i^h)=(x_i,y_i,z_i)+h\cdot\overrightarrow{EN}$，其中 (x_i^h,y_i^h,z_i^h) 为点 Q_i 沿 $\overrightarrow{EN}$ 方向移动 h 距离得到的点之坐标。

§11.7　计算实例

已知,下层端部线棒:$P=1708.0$,$F_0=F_1=1.090830783$,$F_2=0.462512251$;上层端部线棒:$P=1423.0$,$F_0=F_1=1.012290966$,$F_2=0.462512251$;上、下层中渐伸线的基圆圆心之间的距离 $DS=259.1754386$;$h=11.0$,$\theta=22.5°$。

(Ⅰ)$\beta_0=0$ 时,利用前述方法计算得到:

①上层线棒,$\alpha_1=1.0678$,$\alpha_2=1.0786$,$\alpha_3=1.5412$,$\alpha_4=1.5589$;五等分点:$\alpha_1^*=1.1546$,$\alpha_2^*=1.2507$,$\alpha_3^*=1.3508$,$\alpha_4^*=1.4554$。

α	$[x\ y\ z]^{\mathrm{T}}$	$\overrightarrow{GN}^{\mathrm{T}}$	$\overrightarrow{EN}^{\mathrm{T}}$	$[4-x_i^h\ y_i^h\ z_i^h]^{\mathrm{T}}$
1.0679	$\begin{pmatrix} 819.83785 \\ 0.14665598 \\ 2238.4410 \end{pmatrix}$	$\begin{pmatrix} -0.0573 \\ -0.9887 \\ -0.1386 \end{pmatrix}$	$\begin{pmatrix} 0.9239 \\ 0.0002 \\ -0.3827 \end{pmatrix}$	$\begin{pmatrix} 830.00053 \\ 0.11847392 \\ 2234.2315 \end{pmatrix}$
1.1546	$\begin{pmatrix} 762.98721 \\ 176.02432 \\ 2149.5759 \end{pmatrix}$	$\begin{pmatrix} -0.4331 \\ 0.3359 \\ -0.8364 \end{pmatrix}$	$\begin{pmatrix} 0.9002 \\ 0.2077 \\ -0.3827 \end{pmatrix}$	$\begin{pmatrix} 772.88978 \\ 178.30889 \\ 2145.3661 \end{pmatrix}$
1.2507	$\begin{pmatrix} 663.52170 \\ 343.63269 \\ 2063.1367 \end{pmatrix}$	$\begin{pmatrix} -0.5090 \\ 0.2376 \\ -0.8273 \end{pmatrix}$	$\begin{pmatrix} 0.8204 \\ 0.4249 \\ -0.3827 \end{pmatrix}$	$\begin{pmatrix} 672.54597 \\ 348.30629 \\ 2058.9272 \end{pmatrix}$
1.3508	$\begin{pmatrix} 524.06012 \\ 477.96901 \\ 1971.5564 \end{pmatrix}$	$\begin{pmatrix} -0.5657 \\ 0.1186 \\ -0.8160 \end{pmatrix}$	$\begin{pmatrix} 0.6826 \\ 0.6226 \\ -0.3827 \end{pmatrix}$	$\begin{pmatrix} 531.56883 \\ 484.81732 \\ 1967.3469 \end{pmatrix}$
1.4554	$\begin{pmatrix} 354.08536 \\ 567.25448 \\ 1873.5515 \end{pmatrix}$	$\begin{pmatrix} -0.5977 \\ -0.0183 \\ -0.8015 \end{pmatrix}$	$\begin{pmatrix} 0.4892 \\ 0.7837 \\ -0.3827 \end{pmatrix}$	$\begin{pmatrix} 359.46667 \\ 575.87547 \\ 1869.3420 \end{pmatrix}$

$$1.5588 \quad \begin{bmatrix} 176.04646 \\ 594.64263 \\ 1756.3634 \end{bmatrix} \quad \begin{bmatrix} 0.9459 \\ -0.3146 \\ -0.0800 \end{bmatrix} \quad \begin{bmatrix} 0.2623 \\ 0.8859 \\ -0.3827 \end{bmatrix} \quad \begin{bmatrix} 178.93139 \\ 604.38722 \\ 1752.1539 \end{bmatrix}$$

②下层线棒，$\alpha_1 = 0.8477$，$\alpha_2 = 0.8653$，$\alpha_3 = 1.3278$，$\alpha_4 = 1.3383$；五等分点：$\alpha_1^* = 0.9442$，$\alpha_2^* = 1.0485$，$\alpha_3^* = 1.1482$，$\alpha_4^* = 1.2245$。

α	$[x \quad y \quad z]^{\mathrm{T}}$	$\overrightarrow{GN}^{\mathrm{T}}$	$\overrightarrow{EN}^{\mathrm{T}}$	$[x_i^h \quad y_i^h \quad z_i^h]^{\mathrm{T}}$
0.8478	$\begin{bmatrix} 714.17914 \\ 0.11995484 \\ 1724.1826 \end{bmatrix}$	$\begin{bmatrix} -0.0265 \\ 0.9976 \\ -0.0635 \end{bmatrix}$	$\begin{bmatrix} 0.9239 \\ 0.0002 \\ -0.3827 \end{bmatrix}$	$\begin{bmatrix} 724.34181 \\ 0.12166178 \\ 1719.9731 \end{bmatrix}$
0.9442	$\begin{bmatrix} 737.69524 \\ 189.98700 \\ 1839.0004 \end{bmatrix}$	$\begin{bmatrix} -0.4423 \\ 0.3369 \\ -0.8312 \end{bmatrix}$	$\begin{bmatrix} 0.8947 \\ 0.2304 \\ -0.3827 \end{bmatrix}$	$\begin{bmatrix} 747.50675 \\ 192.52170 \\ 1834.7909 \end{bmatrix}$
1.0485	$\begin{bmatrix} 690.20920 \\ 399.43537 \\ 1925.2328 \end{bmatrix}$	$\begin{bmatrix} -0.5099 \\ 0.1867 \\ -0.8397 \end{bmatrix}$	$\begin{bmatrix} 0.7996 \\ 0.4628 \\ -0.3827 \end{bmatrix}$	$\begin{bmatrix} 699.00513 \\ 404.52572 \\ 1921.0233 \end{bmatrix}$
1.1482	$\begin{bmatrix} 590.27138 \\ 589.98040 \\ 2014.8178 \end{bmatrix}$	$\begin{bmatrix} -0.5299 \\ 0.0337 \\ -0.8474 \end{bmatrix}$	$\begin{bmatrix} 0.6534 \\ 0.6531 \\ -0.3827 \end{bmatrix}$	$\begin{bmatrix} 597.45925 \\ 597.16473 \\ 2010.6083 \end{bmatrix}$
1.2245	$\begin{bmatrix} 477.24077 \\ 718.56634 \\ 2082.5272 \end{bmatrix}$	$\begin{bmatrix} -0.5165 \\ -0.0809 \\ -0.8525 \end{bmatrix}$	$\begin{bmatrix} 0.5111 \\ 0.7696 \\ -0.3827 \end{bmatrix}$	$\begin{bmatrix} 482.86329 \\ 727.03200 \\ 2078.3177 \end{bmatrix}$
1.3382	$\begin{bmatrix} 260.03757 \\ 874.11191 \\ 2201.6949 \end{bmatrix}$	$\begin{bmatrix} -0.9639 \\ 0.2254 \\ -0.1419 \end{bmatrix}$	$\begin{bmatrix} 0.2634 \\ 0.8855 \\ -0.3827 \end{bmatrix}$	$\begin{bmatrix} 262.93531 \\ 883.85269 \\ 2197.4854 \end{bmatrix}$

（Ⅱ）$\beta_0 = 4 \cdot \dfrac{2\pi}{54} \approx 0.4654$ 时，下层线棒和（Ⅲ）$\beta_0 = 13 \cdot \dfrac{2\pi}{54} \approx 1.5126$ 时，上层线棒都获得符合工程实际、令人满意的线棒坐标及法向数据。

附　录

附录 1　2014 年美国大学数学建模竞赛题及优秀论文（获特等奖和 SIAM 奖）

1. 2014 年美国大学生数学建模竞赛题 A 题"The Keep-Right-Except-To-Pass Rule"

In countries where driving automobiles on the right is the rule (that is, USA, China and most other countries except for Great Britain, Australia, and some former British colonies), multi-lane freeways often employ a rule that requires drivers to drive in the right-most lane unless they are passing another vehicle, in which case they move one lane to the left, pass, and return to their former travel lane.

Build and analyze a mathematical model to analyze the performance of this rule in light and heavy traffic. You may wish to examine tradeoffs between traffic flow and safety, the role of under-or over-posted speed limits (that is, speed limits that are too low or too high), and/or other factors that may not be explicitly called out in this problem statement. Is this rule effective in promoting better traffic flow? If not, suggest and analyze alternatives (to include possibly no rule of this kind at all) that might promote greater traffic flow, safety, and/or other factors that you deem important.

In countries where driving automobiles on the left is the norm, argue whether or not your solution can be carried over with a simple change of orientation, or would additional requirements be needed.

Lastly, the rule as stated above relies upon human judgment for compliance. If vehicle transportation on the same roadway was fully under the control of an intelligent system-either part of the road network or imbedded in the design of all vehicles using the roadway-to what extent would this change the results of your earlier analysis?

2. 全真优秀论文（参赛学生：沈彦迪，刘疏，龚源；指导老师：朱建新）

Team # 29911

Team Control Number

29911

Problem Chosen

A

Summary

The keep-right-except-to-pass (KRETP) rule has been adopted by many countries around the world, but does this rule actually make our transportation system more efficient? This report aims to analyze this rule along with several other traffic regulations.

Using a discrete cellular-automaton (CA) model and a continuum model, we can simulate real-life traffic situation on freeways via the *Monte Carlo* method and PDE system respectively. Through comparison with other two traffic rules, we obtain the conclusion that the KRETP rule is rather effective.

First we define three parameters-traffic flow, safety index and average energy consumption (AEC) to evaluate the performance of the KRETP rule under various vehicle density. By calculating the optimal maximum velocities during light and heavy traffic, we obtain the influence of under-posted and over-posted speed limits. We also assert that our model can be transferred in "left-most" countries with a simple change of orientation.

Then we introduce two other traffic rules-the "Slow-Cars-To-Right" (SCTR) rule and the "Free Driving & Free Overtaking" (FDFO) rule. By comparing these three rules in terms of our pre-defined parameters, we confirm KRETP rule's superiority and provide strategic advice for future freeway construction.

Next, under the control of an intelligent system, a "median" optimization method is proposed to improve the overall quality of freeway transportation system. According to simulation result, our optimization method does improve the performance in terms of all three parameters.

Finally, we discuss upon several defects of our model that require further research.

Keywords: KRETP Rule, CA Model, Continuum Model, *Monte Carlo* Method, Traffic Flow, Safety Index, Average Energy Consumption (AEC), Optimization

The Keep-Right-Except-To-Pass Rule

Contents

1　Introduction

Traffic rule plays an essential role in a nation's transportation system. An optimal traffic rule can dramatically enhance the capacity and efficiency of the transportation network, providing common citizens with tremendous convenience. In this report, we will mainly focus on one such rule which requires automobiles to stay in the right lane unless they have to overtake.

America first enacted the "keep-right-except-to-pass" law in New York State in 1804, followed by many other countries in the following decades. [1] Up to now, most countries are "right-handed" countries with very few exceptions such as the UK and Australia. On American multilane freeways, for example, drivers are required to drive in the right-most lane unless they need to overtake, in which case they move one lane to the left and then switch back to the right-most lane. See in Figure 1.

Despite the long history of this rule, there has been little scientific inquiry into the effect of this rule. In such circumstances, a systematic analysis of this rule's realistic effect, including the change in traffic flow, safety index and energy consumption.

More specifically, we are expected to examine the following issues in our report:

• Analyze the effect of the "keep-right-except-to-pass" rule in various terms under different vehicle densities (light and heavy traffic).

• Calculate the optimized speed to maximize a weighted function of the traffic flow, safety index and average energy consumption.

• Discuss the role of under-posted and over-posted speed limits and the transferability of our model in "left-handed" countries where driving on the left lane is the norm.

• Propose other possible freeway traffics rules and compare them with the "keep-right-except-to-pass" rule.

• Discuss the transferability of our model in "left-handed" countries where driving on the left lane is the norm.

● Design optimization method to enlarge traffic flow when equipped with an intelligent system.

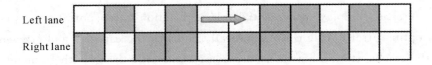

Figure 1   Illustration of "Keep-Right-Except-To-Pass" Rule

2   Assumptions

● Assuming automobile to move in straight lines.

● Assuming that jams only occur because of gradual piling of automobiles.

● Without consideration of sudden crashes that will influence the behavior of subsequent vehicles.

● Assuming that the parallel movement of a vehicle into another lane takes no time.

● Assuming that all the drivers on the freeway are abide by the traffic rules.

● Assuming that the vehicles have the same length and mass.

● Assuming that freeways have no extra entrance or exit.

3   Modeling for Right-Most Rule

In order to analyze the effect of the "right-most" rule, first we have to establish a model to simulate the traffic flow on the multilane freeway. Then we add certain driving and lane-changing rules to make sure that in our simulation the automobiles are abide by the "right-most" rule.

3.1　Discrete Modeling for Right-Most Rule

Discrete models treat both time and the position of vehicles as discrete quantities and simulate the moving of automobiles step by step. We start out simulation with a single kind of vehicle (single maximum speed) on a double-lane freeway (right lane is slow lane and left lane is fast lane) and then extend to two kinds of vehicles, namely, fast car and slow car (two maximum speeds), which is closer to realistic situation.

3.1.1　Model Establishment

● Vehicles of a Single Kind

Among the various discrete models, we adopt the "Particle-Hopping" model, which was initially formulated by Nagel and Schreckenberg (NS) to idealize the movement of vehicles as the discrete "hopping" of particles. Figure 2 is a vivid illustration of our model. We treat the double-lane freeway as a two-column lattice and each vehicle contains exactly one lattice.

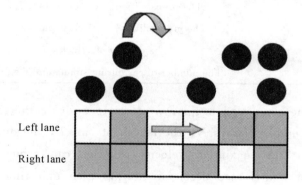

Figure 2　Representation of the "Particle-Hopping" Model

We apply the *Monte Carlo* method to simulate the traffic flow on the double-lane freeway.[2] The quantities involved in the simulation are shown in Table 1.

Table 1. Definition of Notation in "Particle-Hopping" Model

(Terms marked with an asterisk (*) require pre-evaluation before the simulation begins)

Notation	Definition
$X(k)$	The position of car numbered k
$V(k)$	The velocity of car numbered k
$\Delta X_p^f(k)$	The gap in front of car numbered k in the present lane
$\Delta X_p^b(k)$	The gap behind car numbered k in the present lane
$\Delta X_o^f(k)$	The gap in front of car numbered k in the other lane
$\Delta X_o^b(k)$	The gap behind car numbered k in the other lane
$V_{\max}(k)$	The maximum velocity the kth car can achieve on the freeway
Q	The traffic flow(number of cars passed per lane per unit time)
α_{safe}	The safety index
L	The length of the lane during simulation*
T	The duration of the simulation*
P_d	The probability of a car decelerating*
P_c	The probability of a car changing lane*
n	The density of vehicles*
N	The number of car during simulation $N=2nL$

Before the simulation begins, we need to evaluate the following five parameters: number of cars N, the length of lane L, the duration of the simulation T, the maximum velocity vehicles can achieve $V_{\max}$, the probability for a driver to decelerate during each unit time P_d and the probability for a driver to change lane P_c if the current situation qualifies the rule of changing lanes.

After these parameters have been evaluated, we set the position of each car $X(n)$ randomly in the double-lane freeway with half cars on the left (fast) lane and the other half on the right (slow) lane and the velocity of each car $V(n)$ randomly between $[V_{\max}/2, V_{\max}]$. We set the entire freeway to be a loophole so that once a car reaches the last lattices it will re-enter the double-lane freeway in the first lattices. Under such conditions, the density of the vehicles remain unchanged throughout the simulation.

After the simulation begins, at each time unit the driver will either remain in the same lane or change lane if situation permits. The rule of acceleration and deceleration is as follows:

Table 2　The Rule of Acceleration and Deceleration

(i) If $V(n)<V_{\max}$, then $V(n)=V(n)+1$;

(ii) If $ranf<p_d$, then $V(n)=V(n)-1$;

where $ranf$ is a random number between and generated at each time unit.

The permission rule for changing lane is much more complex and comprised of several basic rules. It is derived from *Wagner's* according to the statistics gathered from a Germany freeway where "right-most" rule is adopted:[3]

Table 3　The Basic Rules

Rule safety	Rule stay except blocked (Rule #0)	Rule change when possible (Rule #1)
(i) $\Delta X_p^f(k)>0$, enough space in front	(i) $\Delta X_p^f(n)<V_{\max}+1$, not enough space in front	(i) $\Delta X_o^f(n)>\Delta X_p^f(n)$ (more space on the other lane) or $\Delta X_o^f(n)>V(k)$ (enough space on the other lane)
(ii) The nearest neighbor site in the other lane is empty.	(ii) $\Delta X_o^f(n)>\Delta X_p^f(n)$, more space on the other lane	(ii) $ranf<P_c$
(iii) $\Delta X_o^b(n)>V_{\max}$, enough space to the next car on the other lane	(iii) $ranf<P_c$	

Table 4   The Rule of Lane Changing corresponding to the "rightmost" rule

right→left	left→right
(i) Rule safety	(i) Rule safety
(ii) Rule #0	(ii) Rule #1

Our *Monte Carlo* simulation has three outputs: traffic flow Q and safety index α_{safe} and the energy cost E_0. For traffic flow Q, we choose a fixed point (in our simulation we choose the end point of the lattices since the freeway is a loop) to count the total number of cars passing that point denoted as N_{total} within the duration of the simulation T, then we use the following equation to calculate Q:

$$Q = \frac{N_{total}}{T}.$$

As for α_{safe}, we make the assumption that safety index is proportionate to the reaction time of all the drivers on the freeway throughout the entire simulation. We take the proportionate coefficient to be 1 for convenience:

$$\alpha_{safe} = \frac{\sum_T \sum_1^N [\exp(-\Delta X_p^f(n)/V(n))]}{N \cdot T}.$$

In Table 5, we present the specific steps of our *Monte Carlo* simulation:

Table 5   *Monte Carlo* Procedures

Input	Length of the lane, L.
	Duration of the simulation T.
	Vehicle density n.
	Deceleration probability P_d.
	Lane changing probability P_c.
Output	Traffic flow Q.
	Safety index α_{safe}.
	Energy cost E_0.
Step 1	Randomly generate the initial position, speed and max speed of vehicle i $X(k)$, $V(k)$ and $V_{\max}(k)$.

Step 2	Repeat Step 3 $\sim$ 16 T times.
Step 3	Repeat Step 4~5 for each vehicle.
Step 4	Apply the safety rule to vehicle, skip Step 5 if vehicle i doesn't pass the rule.
Step 5	Apply either change lane rule $\#0$ or change lane rule $\#1$ to vehicle i based on which lane it is on, its current speed and the current model, then decide whether it should change its lane.
Step 6	Update each vehicle to its new lane.
Step 7	Repeat Step 8~16 for each vehicle number k.
Step 8	Let the expected new speed $V'(k)=V(k)+1$.
Step 9	If $\Delta X_p^f(k)<V'(k)$, let $V'(k)=\Delta X_p^f(k)-1$.
Step 10	If $V'(k)>0$, generate a random number in $[0, 1]$ and check whether it is smaller than P_d, let $V'(k)=V'(k)-1$ if so.
Step 11	Let $X'(k)=X(k)+V'(k)$.
Step 12	$\alpha_{safe}=\alpha_{safe}+\exp(-\dfrac{\Delta X^{f'}{}_p(k)}{V'(k)})$.
Step 13	If $X'(k)\geqslant L$, then $X'(k)-=L,Q=Q+1$.
Step 14	If $V(k)<V'(k)$, $E_0+=V(k)+V'(k)$.
Step 15	Let $X(k)=X'(k),V(k)=V'(k)$.
Step 16	$E_0=\dfrac{E_0}{Q}$, $\alpha_{safe}=\dfrac{\alpha_{safe}}{Q}$, $Q=\dfrac{Q}{T}$.
Step 17	Output and halt.

● Vehicles of Two Kinds (Fast Cars & Slow Cars)

Next, we consider a more complex situation in which cars are classified into fast cars and slow cars with respective maximum speed V_{max}^f and V_{max}^S, with other conditions and rules unchanged.

Next, we apply a similar *Monte Carlo* algorithm to simulate the traffic flow with two kinds of vehicles and output corresponding flow Q and safe index α_{max}.

3.1.2　Parameter Evaluation

- The length of the lattices $L=2048$.
- The vehicle density $n=0.02,0.04,0.06,0.08,0.1,0.13,0.16,0.2,0.25,$
0.3.
- The number of the total vehicles $N=2nL$.
- The duration of the simulation $T=4096$.
- The deceleration probability $P_d=0.1$.
- The change lane probability $P_c=0.7$.
- In the case of vehicles of single kind, set maximum velocity $V_{\max}=5$.
- In the case of vehicles of two kinds, set maximum velocity of fast car $V_{\max}^f=5$, set maximum velocity for slow car $V_{\max}^s=3$.
- The ratio of fast car to slow car is 4 : 1, the initial number of vehicle in each lane is 1 : 1.

3.1.3　Model Solution and Analysis

We mainly analyze the influence of the right-most rule on three parameters: Traffic flow Q, safety index α_{safe} and average energy consumption E_0. Then we assign a relative weight to each parameter to calculate an optimal velocity during light traffic and heavy traffic. We will only present the simulation result of the two-kind vehicle model.

- **Traffic Flow**

　　As we have discussed before, we define the traffic flow Q as the number of cars passing a fixed point per unit time, or

$$Q=\frac{N_{total}}{T} .$$

　　In Figure 3, we present the value of traffic flow Q under different vehicle density n.

　　Apparently, the pattern in Figure 3 accords with realistic situation qualitatively. When the vehicle density on a freeway is relatively low, slight increase of vehicle, or in other words, vehicle density will cause traffic flow to rise dramatically because according to our rules vehicles accelerate very easily. In our simulation, the peak value of flow Q occurs when density is around 0.2. After the climax, the traffic flow will tend to drop as vehicle

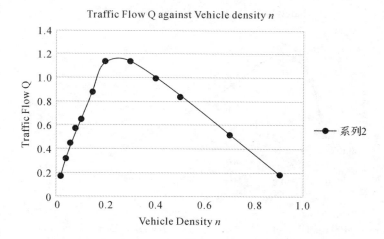

Figure 3　Relationship of Traffic Flow and Vehicle Density n

density continues to rise because more likely car jams will obstruct vehicles from accelerating freely. Finally, when the density approaches 1, in other words, the freeway is almost "full", vehicles could barely move thus the flow approaches 0.

● **Safety Index**

Notice that the longer reaction time is, the safer the situation will be. Thus according to our definition of the safety index

$$\alpha_{safe} = \frac{\sum_T \sum_1^N [\exp(-\Delta_p^f X(n)/V(n))]}{N \cdot T},$$

a larger value of α_{safe} indicates a more dangerous situation. We again plot safety index α_{safe} against vehicle density. The result is shown in Figure 4.

It is easy to understand the pattern in Figure 4. When the vehicle density is relatively small, accidental risk rises as the number of car increases because vehicles are likely to attain high velocities. After the peak value, the risk drops as density rises because though the number of vehicle rises, the average velocity decreases dramatically. Since most vehicles drive much slower, the overall situation becomes actually safer. Finally, when all the vehicles cannot move at all (when $n = 1$), the situation is absolutely safe. Notice that the climax vehicle density are nearly the same in traffic

121

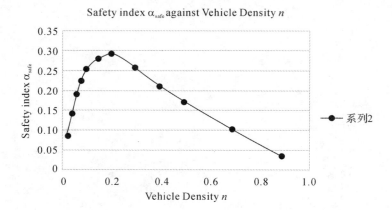

Figure 4   Relationship of Safety Index α_{safe} and Vehicle Density n (lower is safer)

flow and safety index because both quantities are closely related to average velocity.

● **Average Energy Consumption**

Now we define another important parameter called the average energy consumption denoted E_0. We use it to measure the energy consumed during each acceleration. We approximate the quantity as proportionate to change of kinetic energy. For a particular vehicle, we denote its velocity at time t and $t+1$ as $V^{(t)}(n)$ and $V^{(t+1)}(n)$. Furthermore, we make the assumption that each vehicle has unit mass. Now we can derive the formula for E_0:

$$E_0 \propto \frac{\sum_{t=1}^{T}\sum_{n=1}^{N} \frac{1}{2}m[(V^{(t)}(n))^2 - (V^{(t-1)}(n))^2]}{Q}$$

$$\propto \frac{\sum_{t=1}^{T}\sum_{n=1}^{N} \frac{1}{2}m[V^{(t)}(n) - V^{(t-1)}(n)][V^{(t)}(n) + V^{(t-1)}(n)]}{Q}$$

$$\propto \frac{\sum_{t=1}^{T}\sum_{n=1}^{N}[V^{(t)}(n) + V^{(t-1)}(n)]}{Q}.$$

In order for convenience, we evaluate the proportionate coefficient as 1. So that

$$E_0 = \frac{\sum_{t=1}^{T}\sum_{n=1}^{N}[V^{(t)}(n) + V^{(t-1)}(n)]}{Q}.$$

We again plot the average energy consumption against vehicle density in Figure 5.

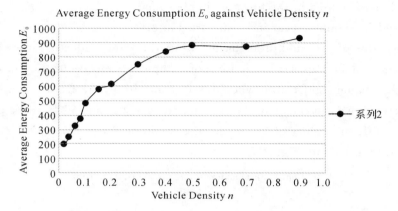

Figure 5　Relationship of Energy Consumption E_0 and
Vehicle Density n (lower is better)

In the first half of the figure, the increase of E_0 could be explained by the frequent lane changing and acceleration due to a low vehicle density. In the latter half, although vehicles are much less likely to accelerate, notice that traffic flow also falls dramatically, therefore the average energy consumption still increases.

● **Optimal Maximum Velocity Estimation (Weighted)**

In this section, we will design a weighted function ϕ dependent on the three key variables-traffic flow Q, safety index α_{safe} and average energy consumption E_0. Then we will calculate an optimal speed limit to maximize the value of ϕ under light traffic and heavy traffic respectively.

We define the weighted function as follows:

$$\phi(Q,\alpha_{safe},E_0)=\omega_1\frac{Q}{1.2}+\omega_2(1-\frac{E_0}{800})+\omega_3\sqrt[3]{1-(\frac{\alpha_{safe}}{0.4})^3} ,$$

$$\text{s. t.}\quad \omega_1+\omega_2+\omega_3=1 ,$$

where $\omega_1,\omega_2,\omega_3$ are weight coefficient. We base on the following four rules to design our function:

● When ϕ reaches its peak value, we define the corresponding V_{max} to be the

123

optimal maximum velocity.

● Since the three variables Q, α_{safe}, E_0 are independent of each other, ϕ should be expressed in the form of simple sums.

● Q and E_0 should appear in linear forms in ϕ.

● The value of ϕ should drop sharply when the safety index is rather high. Hence α_{safe} should appear in the form of an upward-convex-function in ϕ.

Now under light traffic where $n = 0.1$ and heavy traffic where $n = 0.2$ respectively we can calculate the corresponding $V_{optimal}^{light}$ and $V_{optimal}^{heavy}$. We plot ϕ against different values of V_{max} under the condition ($\omega_1 = 0.5, \omega_2 = 0.2, \omega_3 = 0.3$) in Figure 6 and Figure 7.

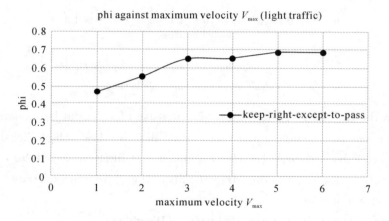

Figure 6　Optimal Maximum Velocity (Light Traffic)

Considering the duration of light traffic and heavy traffic in a given time period, we set the ratio 4 : 1 (light : heavy) to obtain the result for a "mixed-traffic" situation. See in Figure 8.

As shown in Figure 8, the global maximum value of ϕ locates at $V_{max} = 5$, therefore the optimal maximum velocity $V_{optimal} = 5$. In other words, when we set the speed limit at 5, we achieve a weighted optimization of traffic flow, safety index and energy consumption.

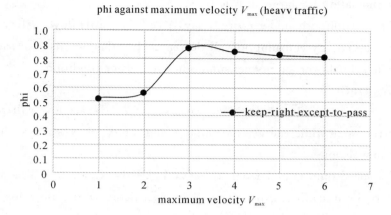

Figure 7　Optimal Maximum Velocity (Heavy Traffic)

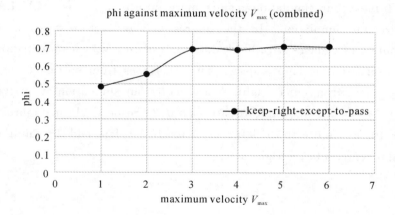

Figure 8　Optimal Maximum Velocity (combined)

● **Analysis of Under-Posted and Over-Posted Speed Limits**

In the section above, we have calculated the optimal maximum velocity $V_{optimal} = 5$. We will discuss the influence of under-posted and over-posted speed limits in light and heavy traffic respectively.

● **Light Traffic**

If a speed limit is over-posted, say, $V_{max} = 7$, traffic flow, safety index and average energy consumption all increase. In other words, we sacrifice energy and safety for larger traffic flow.

If a speed limit is under-posted, say, $V_{max} = 3$, traffic flow, safety index and average energy consumption all decrease. In other words, we sacrifice traffic flow for lower energy consumption and a safer condition.

● **Heavy Traffic**

If a speed limit is over-posted, say, $V_{max} = 7$, traffic flow will remain almost the same while energy consumption and safety index will rise. This is highly unwelcome.

If a speed limit is under-posted, say, $V_{max} = 3$, situation will be similar to that of light traffic. Still, we will be sacrificing traffic flow for lower energy consumption and a safer condition.

● **Visualization**

To make our simulation results more intuitive, we use MATLAB to visualize our simulation. In the figures below, each row signifies the distribution of vehicles with black dots representing vehicles occupation and margin representing empty space. Time increases from bottom to top and vehicles move from left to right. We visualize our simulation at low vehicle density ($n = 0.05$) and high density ($n = 0.2$) respectively in Figure 9 and Figure 10. Subfigure on the left represents the left lane and the subfigure on the right represents the right lane.

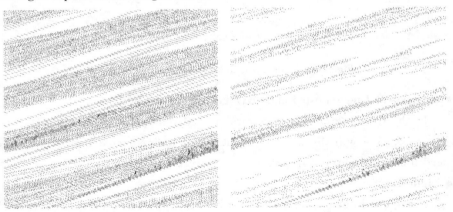

Figure 9　Visualization at Low Density

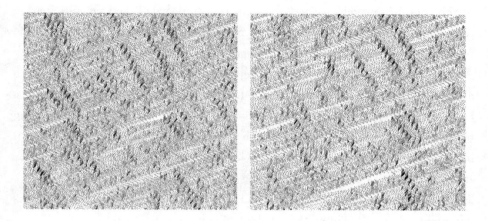

Figure 10   Visualization at High Density

3.2   Continuum Modeling for Right-Most Rule

Apart from the discrete, microscopic cellular automaton (CA) models we have adopted above, in this section we will establish a continuum, macroscopic model to describe the vehicle flow on the freeway.

3.2.1   Model Establishment

Our ultimate goal is to make a continuum model for the traffic flow on a double-lane freeway. We start our work from the single-lane situation. According to [4], we can use partial-derivative equations (PDE) system to describe the traffic flow on a single-lane freeway. There are two variables in the equation system: the average speed of vehicles and the density of vehicles. The PDE system contains two parts:

● Continuity equation:

$$\frac{\partial u}{\partial t}+\frac{\partial(\rho u)}{\partial x}=0 .$$

● Dynamic equation:

$$\frac{\partial u}{\partial t}+u\,\frac{\partial u}{\partial x}=\frac{u_e(\rho)-u}{T}+c_0\,\frac{\partial u}{\partial x} .$$

In the second equation, the right side contains a relaxation term $(u_e(\rho)-u)/T$, which reflects the process when a driver tries to adjust his velocity

127

to the equilibrium velocity $u_e(\rho)$ in the time interval T and an anticipation term $c_0 \partial u/\partial x$, which represents the process when the driver reacts to the traffic condition ahead with the propagation speed of small disturbance c_0.

Now we extend that model to accommodate the double-lane situation to accommodate the "keep-right-except-to-pass" rule. We will establish the equations for the two lanes separately. In order to describe lane-changing between the right (driving) lane and the left (overtaking) lane, we will introduce two variables S_{ji} and S_{ij}, which represent the lane changing rate. In particular, S_{ji} denotes the changing rate from lane i to lane j ($i,j \in \{1, 2\}$). The overtaking lane is denoted by Lane 1 and the driving lane is denoted by Lane 2. Thus, the net lane change into lane i is $S_{ji} - S_{ij}$.

Hence the continuity equation could be written as:

$$\frac{\partial \rho_i}{\partial t} + \frac{\partial(\rho_i u_i)}{\partial x} = S_{ji} - S_{ij}.$$

For the dynamic equation, we introduce two constant parameters r_1, r_2 to be the coefficients of S_{ji}, S_{ij}. The equation should be:

$$\frac{\partial u_i}{\partial t} + u_i \frac{\partial u_i}{\partial x} = \frac{u_{ei}(\rho_i) - u_i}{T_i} + c_{0i} \frac{\partial u_i}{\partial x} + r_1 S_{ij} - r_2 S_{ji} \quad (i = 1, 2).$$

According to [5], we assume:

$$S_{12} = a Q_{e1}(\bar{\rho}) \rho_1 (1 - \frac{\rho_2}{\rho_m}),$$

$$S_{21} = a(1 + b(Q_{e1}(\bar{\rho}) - Q_{e2}(\bar{\rho}))) Q_{e2}(\bar{\rho}) \rho_2 (1 - \frac{\rho_1}{\rho_m}),$$

where Q_{e1} denotes the equilibrium flow $Q_{e1} = \rho_1 u_{e1}(\rho_1)$,

$\bar{\rho}$ denotes the average density of Lane 1 and Lane 2 $\bar{\rho} = (\rho_1 + \rho_2)/2$,

ρ_m denotes the density in a jam,

a, b are two constant parameters.

Such assumption is reasonable. Firstly, notice that the expression of S_{12} and S_{21} is not symmetric because of the asymmetricity of the double-lane freeway. Secondly, if Lane 2 is suffering from a traffic jam, then $\rho_2 = \rho_m$; if there are no vehicles in overtaking lane 1, then $\rho_1 = 0$. Under both circumstances, we can derive $S_{12} = 0$, which implies that no car can change into the driving lane when it has a traffic jam or when there are no vehicles on the overtaking lane.

3.2.2　Model Solution and Analysis

● Study of Steady State

According to theories of PDE, we can obtain a steady state solution of our model by setting the derivative terms to zero. Then we can derive the following two equations:

$$Q_{e1}(\bar{\rho})\rho_1(1-\frac{\rho_2}{\rho_m})=(1+b(Q_{e1}(\bar{\rho})-Q_{e2}(\bar{\rho})))Q_{e2}(\bar{\rho})\rho_2(1-\frac{\rho_1}{\rho_m})\ ,$$

$$\frac{u_{ei}(\rho_i)-u_i}{T_i}+c_{0i}\frac{\partial u_i}{\partial x}+r_1S_{ij}-r_2S_{ji}=0\quad(i=1,2)\ ,$$

Plugging in $2\bar{\rho}=\rho_1+\rho_2$, we can derive the expression of $u_{e1}(\rho)$ and $u_{e2}(\rho)$ from the equations above according to [6]:

$$u_{e1}(\rho)=u_f(1-\frac{\rho}{\rho_m})/(1+E(\frac{\rho}{\rho_m})^4)\ ,$$

$$u_{e2}(\rho)=\begin{cases}u_f(1-\frac{\rho}{\rho_m})/(1+E(\frac{\rho}{\rho_m})^4)(\frac{1}{2}+\frac{\rho}{2\rho_c})\ ,&(\rho<\rho_c)\\[2mm]u_f(1-\frac{\rho}{\rho_m})/(1+E(\frac{\rho}{\rho_m})^4)\ ,&(\rho\geqslant\rho_c)\end{cases}$$

where u_f denotes the free flow speed and E is a constant parameter.

Using the relationship given above, we can derive the relationship between u_i and $\bar{\rho}$. Then we use the definition $q_i=\rho_iu_i$ to express the flow on each lane with the average density $\bar{\rho}$.

According to [7], we assign the following values to the parameters:

$$T_1=T_2=10\text{s},\ u_f=30\text{m/s},\ a=0.01,\ b=5,c_{01}=c_{02}=10\text{m/s}$$
$$\rho_m=0.14\text{veh/m},\ r_1=150\text{m}^2/\text{s},\ r_2=50\text{m}^2/\text{s},\ \rho_c=0.05\text{veh/m},\ E=100.$$

Since we have established the traffic flow function of average density on both lane, we can plot the relationship as shown in Figure 11.

In Figure 11, we can discover that all three kinds of flows experience a similar changing pattern-when the average density is relatively small, traffic flow experiences a monotonic increase as the density gets larger. After reaching its climax, the flow drops gradually to 0 as the density keeps rising. This changing pattern is identical to the results we have obtained in the discrete model. We can also discover that the overtaking (fast) lane

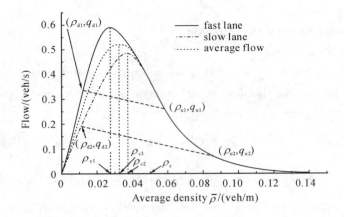

Figure 11　The Relationship of Traffic Flow Q and Average Density $\bar{\rho}$

reaches its climax sooner than that of the driving (slow) lane. Due to difference of the maximum velocity, the peak value of fast lane's traffic flow is larger than that of the slow lane. In addition, the curves of fast lane and slow lane almost overlap when $\rho > \rho_c = 0.05$. The overlapping part of curves actually indicates that the utility rate of both lanes is almost the same when ρ is relatively large.

● **Study of Numerical Simulation**

In this section, we mainly study the density function $\rho_i(x,t)(i=1,2)$ as a solution of the PDE system. In order to simulate the two-lane traffic movement, we assume that $L = 32.2\text{km}$. The following initial variation of the average density ρ_h proposed in [8] can be used on either the fast or the slow lane:

$$\rho(x,0) = \rho_h + \Delta\rho_h \left[\frac{1}{\cosh^2(\frac{160}{L}(x - \frac{5L}{16}))} - \frac{1}{4\cosh^2(\frac{40}{L}(x - \frac{11L}{32}))} \right].$$

Then, our model (the PDE system) can be solved by the numerical scheme given in reference [9]. Here we just provide the figures of the solution under three different conditions. (All of these three figures are dynamic traffic images of an asymmetric double-lane system with curve (a) representing the fast lane and curve (b) representing the slow lane.)

● At Low Average Density $\bar{\rho}$

According to Figure 12, any perturbations on the fast lane or the slow lane will quickly dissipate. Because of the lane-changing tendency, a cluster appeared in the fast lane may cause a small hump in slow lane.

On the opposite side, as shown in Figure 13, a cluster in slow lane may quickly dissipate because people trapped by the cluster in slow (driving) lane may choose the fast (overtaking) lane for passing.

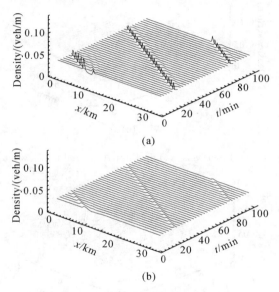

(a)

(b)

Figure 12　Low Density(Jam First Appeared on Fast Lane)

● At Normal (or Higher) Average Density $\bar{\rho}$

As average density continues to rise, free space for vehicles decreases and it becomes less likely for the double-lane system to maintain stability. Correspondingly, serious traffic jams and "stop-and-go" waves become more probable. See in Figure 14.

Parameter evaluation of the three figures:

Figure 12: $\rho_1 = 0.047\text{veh/m}, \rho_2 = 0.021\text{veh/m}, \rho_h = 0.06\text{veh/m}$;

Figure 13: $\rho_1 = 0.047\text{veh/m}, \rho_2 = 0.021\text{veh/m}, \rho_h = 0.06\text{veh/m}$;

Figure 14: $\rho_1 = 0.053\text{veh/m}, \rho_2 = 0.053\text{veh/m}, \rho_h = 0.06\text{veh/m}$.

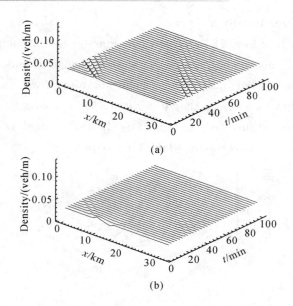

Figure 13　Low Density(Jam First Appeared on Slow Lane)

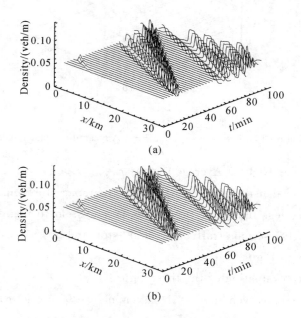

Figure 14　Normal or Higher Density

3.3　Comparison of Discrete Model and Continuum Model

In the discrete (CA) model, we focus on the relationship between traffic flow and vehicle density and obtain the following fact: when density is relatively small, flow rises as density increases; after reaching its peak value, flow then decreases gradually to 0. This coincides with the conclusion derived in the continuum model as shown in Figure 9. More intuitively, the visualization images of both models also convey the same conclusion.

3.4　Transferability Analysis of Model in "Left-Handed" Countries

According to our research, the difference between the left-most and right-most tradition is mainly historical. In addition, our model has no partiality for either left orientation or right orientation. In other words, orientation is symmetric in our model. Therefore our model could be transferred in left-handed countries with a single change of orientation.

4　Modeling for Alternative Freeway Traffic Rules

In this section, we will use similar *Monte Carlo* method to simulate the traffic flow under two alternative traffic rules: "slow-car-to-right" rule and "free driving & free overtaking" rule.

4.1　"Slow-Cars-To-Right" Rule

● Model Explanation

In the "slow-cars-to-right" rule, the slow cars are designated the right lane, the fast cars are designated among the left and right lanes and no lane changing is allowed. In other words, this is a model of two disconnected single lanes. We run two simulations. First, test a lane with only fast cars and calculate corresponding $Q^f, \alpha_{safe}^f, E_0^f$; then test a lane with 60% fast cars and calculate corresponding $Q^s, \alpha_{safe}^s, E_0^s$. The overall fast car percentage is 80% matching previous simulations. The final result is a mixture of previous results with weight (1 : 1).

$$Q = 0.5 \cdot Q^f + 0.5 \cdot Q^s,$$
$$\alpha_{safe} = 0.5 \cdot \alpha_{safe}^f + 0.5 \cdot \alpha_{safe}^s,$$
$$E_0 = 0.5 \cdot E_0^f + 0.5 \cdot E_0^s.$$

Parameter evaluation before the simulation is as follows:

the length of the lattices $L = 2048$;

the vehicle density $n = 0.02, 0.04, 0.06, 0.08, 0.1, 0.13, 0.16, 0.2, 0.25, 0.3$;

the number of the total vehicles $N = 2nL$;

the duration of the simulation $T = 4096$;

the deceleration probability $P_d = 0.1$;

the change lane probability $P_c = 0.7$;

the maximum velocity of fast car $V_{max}^f = 5$, maximum velocity for slow car $V_{max}^s = 3$.

● **Model Solution and Analysis**

Using computer simulation, we plot traffic flow Q, safety index α_{safe} and average energy consumption E_0 respectively against vehicle density n. The results will be shown in Section 4.3.

4.2 "Free Driving & Free Overtaking" Rule

● **Model Explanation**

Under the "free driving & free overtaking" rule, vehicles are free to drive and overtake with no specific requirement. The two lanes are symmetric and the only limitation is the respective maximum velocity and for fast vehicles V_{max}^f and V_{max}^s slow vehicles. Parameters and their evaluation are still the same as in the "slow-cars-to-right" rule.

● **Model Solution and Analysis**

Again, we consider the influence of this traffic through measuring of the three key factors-traffic flow Q, safety index α_{safe} and average energy consumption E_0. Further comparison of the three traffic rules will be shown in the Section 4.3.

4.3 Comparison of Different Traffic Rules

Same as that in the slow-cars-to-right rule, we will mainly focus on the first

134

half of the figures to analyze the difference of the three rules.

● **Traffic Flow**

We plot traffic flow Q against vehicle density in Figure 15.

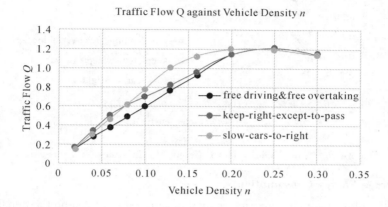

Figure 15　Traffic Flow under Different Traffic Rules

As shown in Figure 15, during light-traffic situation, traffic flow under the "keep-right-except-to-pass" rule and "slow-cars-to-right" rule are larger, traffic flow under the "free driving & free overtaking" is the relatively small.

During heavy-traffic situation, flow under three rules tends to be the same, which is easy to understand because the more probable jams make the advantages of the last two traffic rule hard to discern.

● **Safety Index**

We plot safety index α_{safe} against vehicle density n in Figure 16.

During light-traffic situation, the condition under the "keep-right-except-to-pass" rule and "slow-cars-to-right" rule is much safer than that under the "free driving & free overtaking" rule.

During heavy-traffic situation, same as that of traffic flow, safety index under three traffic rules tend to be the same because vehicle tend to drive at a much lower speed which make the overall condition much safer.

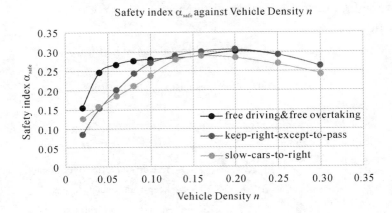

Figure 16　Safety Index under Different Traffic Rules (lower is safer)

● Average Energy Consumption

We plot average energy consumption against vehicle density in Figure 17.

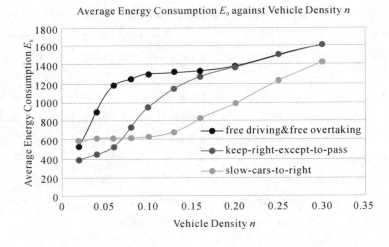

Figure 17　Average Energy Consumption under
Different Traffic Rules (lower is better)

Since a large portion of energy consumption comes from traffic jams, and unstable lane changing easily result in traffic jams, the "free driving &

free overtaking" rule will definitely be more energy-costly. Such trend is manifest during light traffic when acceleration is fairly easy.

During heavy traffic however, lane changing and acceleration become much more difficult, most of the energy consumption is from the accelerations and decelerations in traffic jams, therefore the average energy consumption under three rules tends to be the same.

● **Summary & Suggestions**

From the figures above, we can discover that "free driving & free overtaking" rule is inferior to the "slow-cars-to-right" rule and "keep-right-except-to-pass" rule. This accords with real life situation because most countries adopt a combinational policy of "slow-cars-to-right" and "keep-right-except-to-pass".

Meanwhile, it is unrealistic to adopt the "slow-cars-to-right" because total forbidding of lane changing and overtaking is unreasonable. Our suggestion is that maintain the policy of "keep-right-except-to-pass" rule and meanwhile construct separate fast and slow lanes for those freeways frequently suffered from car jams and obstructions.

5　Modeling for Intelligent-System Control

In this section, we make the general assumption that equipped with an intelligent system. The intelligent system knows about the exact velocity and location of all the vehicles on the freeway and controls them together. We aim to propose a new traffic rule such that the overall traffic flow of the freeway could be even larger.

5.1　"Median" Optimization

● **Model Explanation**

We now introduce a rule called "median" rule. The basic idea is to let vehicles with higher speed stay on the left lane more, while vehicles with lower speed stay on the right lane, reducing the possibility of fast cars following slow cars. The separation point is the median speed, which is known easily by a system that controls all the vehicles. The advantage of median speed is that it is automatically adjusted according to the current average speed, then exactly demand half of the cars go to the left lane and vice versa. Therefore this rule will not let the left lane and right lane become unbalanced both in light and heavy traffic comparing to the usage of a fixed speed cap.

The rule is as stated in Figure 18.

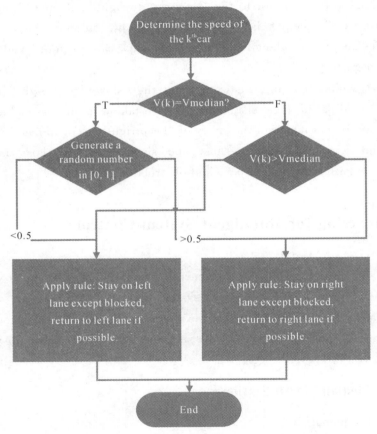

Figure 18 "Median" Illustration

● **Model Solution and Analysis**

Under the same maximum velocity, we plot traffic flow, safety index and average energy consumption against different vehicle density. See in Figures 19—21.

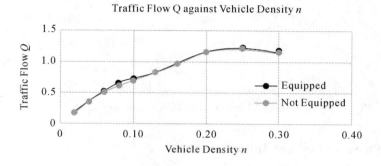

Figure 19　Relationship of Traffic Flow and Vehicle Density

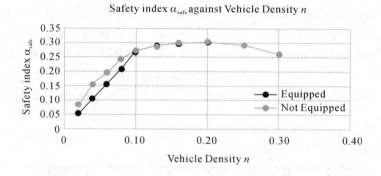

Figure 20　Relationship of Safety Index
and Vehicle Density (lower is safer)

From the above Figures, we can discover that the "median" optimization does perform better in terms of traffic flow, safety condition and energy consumption, even though such optimization is not very dramatic. This also indicates that the current "keep-right-except-to-pass" rule is already a pretty mature one.

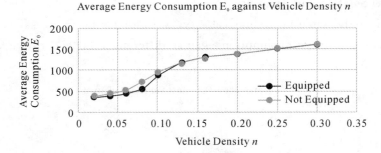

Figure 21   Relationship of Average Energy Consumption
and Vehicle Density (lower is better)

5.2   Possible Further Improvements

The "median" rule is only a simple rule, more advantages of the intelligent systems can be utilized. In the discrete (CA) model, a driver can only change his speed according to the distance of cars closely in front or behind because he doesn't know about the location of other cars and intentions of their drivers. Therefore when he is in a car flow without any gaps as shown in Figure 22, the only thing he can do is stop and wait for the front car to move. That's why we only compare his current velocity V with ΔX_p^f and ΔX_o^f.

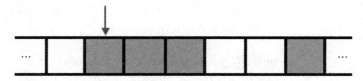

Figure 22   Illustration of Online Algorithm

But with an intelligent system, it controls all the cars at the same time. Under such circumstances, it can optimize traffic flow by accelerating the three cars together with the same acceleration. This approach is extremely effective in traffic jams.

6 Superiority and Weakness

6.1 Superiority Analysis

- By reasonable discretization and *Monte Carlo* method, CA model properly simulates normal driving and overtaking on real-life double-lane freeways.
- The solution of the CA model could be presented via various forms and standards, visualization technique makes the result even more intuitive.
- Our model has robust flexibility, only minor modification could realize simulation under different traffic rules and parameters.
- By comparing with other traffic rules, we can fully realize the influence of keep-right-except-to-pass rule from various aspects.
- By designing algorithms under an intelligent system, our model has reference value in terms of future freeway construction.
- Our continuum model assigns realistic values to parameters, confirming the results derived from the discrete model from a macroscopic perspective.

6.2 Weakness Analysis

- Due to the restriction of computer simulation, some of our assumptions are highly ideal, such as the length of vehicles and the value of acceleration.
- The core of our system depends on computer simulation, therefore the calculation of key quantities such as traffic flow and safety index is time-costly.

6.3 Future Research

6.3.1 Possible Optimization of Discrete Model

● If technique permits, we strive to make computer simulation as similar as possible to realistic situations. One possible measures is that we can use 1 minute as the basic time unit and assign realistic values to lattice length (such as 0.5km). Since most vehicles travel at velocity between 60 km/h and 120km/h, within one time unit (1 min), a vehicle is expected to pass 2-4 lattices within one minute.

● For more accurate approximation, vehicle profile should be taken into consideration. For example, limousines, sedans, jeeps are usually small but relatively fast, we can assign them with one-lattice length and larger maximum velocity; trucks, on the other hand, could be assigned with length of multiple lattices and a smaller maximum velocity.

● Finally, we add a more professional factor in the transportation field-stopping sight distance and its limit. The stopping sight distance is used to measure several secure distances in driving. We can assign an integer to the stopping sight distance, denoted as d_0. When the front gap is larger than the stopping sight distance ($\Delta X_p^f > d_0$), we compare $V+1$ with d_0 instead of with ΔX_p^f or ΔX_o^f to determine the vehicle's velocity at next time interval. We can further combine weather conditions to evaluate the stopping sight distance. Such model is of great importance in deciding whether to close freeways under severe weather conditions.

6.3.2 Possible Optimization of Continuum Model

● In many countries around the world, the number of freeways are dramatically increasing. We can continue to develop multi-lane (more than two lanes) models. Speed limits could also be incorporated in the continuum model.

● Construct a systematic theory to analyze the graphic form of $\rho(x,t)$ and look for accurate analytical expressions.

7　Conclusion

We use a discrete model and a continuum model research upon the influence of "Keep-Right-Except-To-Pass" rule on traffic flow, safety index and average energy consumption respectively. Furthermore, to fully determine the pros and cons of the rule, we continue to build models to analyze two alternative traffic rules-the "Slow-Cars-To-Right" rule and the "Free Driving & Free Overtaking" rule. Finally, we propose two possible rules to optimize traffic flow when equipped with an intelligent system. The results of our models are as follows:

- **"Keep-Right-Except-to-Pass" Rule**

According to our model, traffic flow and safety index first rise to peak value then decrease to zero with increasing vehicle density, while energy flow keeps rising but with a bating speed. Furthermore, under-posted and over-posted speed limits relative to our calculated optimal maximum velocity have different influences during light and heavy traffic. In addition, our model could be transferred in left-handed countries with a single change of orientation.

- **Alternative Traffic Rules**

The "Keep-Right-Except-To-Pass" rule and the "Slow-Cars-To-Right" rule are superior (to the "Free Driving & Free Overtaking" rule), a combination of these two rules will have strengthening effects especially on heavy-traffic freeways.

- **Intelligent System Control**

An ideal online algorithm is discussed, and a "median" optimization method is simulated and proves to be beneficial to enlarge traffic flow.

8 References

[1] Li Peilin, "*Globalization and the 'Left-Most' Policy of Automobiles*", Journal of Financial Introduction, 2004 Vol. 8.

[2] Chowdhury D, Wolf D E, and Schreckenberg M. Particle hopping models for two-lane traffic with two kinds of vehicles: Effects of lane-changing rules. *Physica A: Statistical Mechanics and its Applications*, (1997) 235 (3), 417-439.

[3] Giordano Frank R. A first course in mathematical modeling. Cengage Learning, 2013.

[4] Haijun Huang, Tieqiao Tang, Ziyou Gao. Continuum modeling for two-lane traffic flow, *Acta Mech Sinica* (2006) 22: 131-137.

[5] Tang Chang-Fu, Jiang Rui, Wu Qing-Song. Extended speed gradient model for traffic flow on two-lane freeways. *Chinese Physics*, 2007/16(06).

[6] Lee H Y, Lee H W and Kim D. *Phys. Rev.* E 1999 59 5101.

[7] Nagel K and Schreckenberg M. J. Phys. I 1992 2 2221.

[8] Kerner B S and Konsh auser P. *Phys. Rev.* E 1993 48 2335.

[9] Fu C J, Wang B H, Yin C Y and Gao K. *Acta Phys. Sin.* 2006 55 4032.

9 Appendix

- C++ Source Code for Monte Carlo Simulation:

```
gen. h:
# ifndef __GEN
# define __GEN

# include <iostream>
# include <cstdio>
# include <ctime>
# include <cstdlib>
# include <vector>
# include <cassert>
using namespace std;
/*
# define RATIO 0. 3
# define L 512
# define VMAX 7
# define VBASE 2
*/
int random(int low, int high){
    return (rand()%(high-low+1)+low);
}
void gen(const char *fpath, int L, double den, int Vmax0, int Vmax1, double
Pv){
    FILE *fp = fopen(fpath, "w");
    int n=den*L;
    vector<int> a;
    for (int i = 0; i < L && a. size() < n; i ++)
        if (R((n-a. size()) * 1. 0/(L-i)) || a. size()+L-i <= n)
            a. push_back(i);
    assert(a. size() == n);
    fprintf(fp, "%d, %d\n", L, n);
    int v;
    for (int i = 0; i < n; i ++){
        v=R(Pv)? Vmax0:Vmax1;
        fprintf(fp, "%d, %d, %d\n", a[i], v, random(v/2, v));
    }
    fclose(fp);
}
# endif // __GEN
```

```
SaveBMP. h：
#ifndef __BMP
    #define __BMP
FILE * SaveBmp(const char * filename,int height,int width){
    unsigned int w = ((width+7)/8+3)/4 * 4；
    unsigned int size = w * height+0x3E；
    unsigned short head[]={
        0x4D42,size&0xffff,size>>16,0,0,0x3E,0,0x28,
        0,width&0xffff,width>>16,height&0xffff,height>>16,1,1,0,
        0,0,0,0,0,0,0,0,0,0,0,0,0,0xffff, 0x00ff
    }；
    FILE * fp=fopen(filename,"wb")；
    if(! fp)return NULL；
    fwrite(head,1,sizeof(head),fp)；
    return fp；
}
#endif


lane. h：
    #ifndef __LANE

#define __LANE
#include <iostream>
#include <cstdio>
#include <vector>
#include <cmath>
#include <cassert>
#include <cstdlib>
#include <ctime>
#include <algorithm>
#include <cstring>

#define out(x) cout<<(#x)<<"="<<x<<endl；
```

```cpp
using namespace std;

int L, T = 2048, VISUALIZE = 0, TOT = 5;
double Pd = 0.2, Pc = 0.6, Pv = 0.8;
int Voff = 2, RULE = 0, Vmax0 = 4, Vmax1 = 3;
double ECost = 0;
double AlphaSafety=0;

bool R(const double &P){
    return rand()<RAND_MAX*P;
}
struct car{
    int x, v, vmax;
    car(int x, int v, int vmax):x(x), v(v), vmax(vmax){}
    car(){}
    bool operator<(const car &rhs) const {
        return x < rhs.x;
    }
};
#define fn(i) ((i)>=n? (i)-n:((i)<0? (i)+n:(i)))
#define fm(i) ((i)>=m? (i)-m:((i)<0? (i)+m:(i)))
#define fL(x) ((x)>=L? (x)-L:((x)<0? (x)+L:(x)))
#define takemin(x, y) x=(x)<(y)? (x):(y)
unsigned char buf[10000];
struct lane{
    vector<car> c;
    int cnt[7];
    int tot() const {
        int tot=0;
        for(int i=0; i<7; i++)
        tot+=cnt[i];
    return tot;
}
car &operator[](int i){return c[i];}
lane(const char * fpath){
```

```
        memset(cnt, 0, sizeof cnt);
        FILE * fp = fopen(fpath, "r");
        int n, t;
        fscanf(fp, "%d, %d, %d", &L, &n, &t);
        c.resize(n);
        for(int i=0; i<n; i++){
            fscanf(fp, "%d, %d, %d", &c[i].x, &c[i].vmax, &c[i].v);
            assert(c[i].vmax >= c[i].v);
            cnt[c[i].v]++;
        }
        fclose(fp);
}
lane(){}
bool OK() const {
for(int i=0; i<c.size(); i++)
if(c[i].x<0 || c[i].x>=L)return false;
for(int i=0; i+1<c.size(); i++)
if(c[i].x >= c[i+1].x)return false;
if (tot() != c.size()) return false;
return true;
}
int size() const {
    return c.size();
}
int advance(vector<car> &t){
    int n;
    t.resize(n = c.size());
    if(n==0)return 0;
    for(int i=0; i<c.size(); i++){
        int j=fn(i+1);
        t[i]=c[i];
        if (t[i].v < t[i].vmax) t[i].v++;
        int DXf = fL(c[j].x-c[i].x-1);
```

```cpp
            if (t[i].v > DXf) t[i].v = DXf;
            if (t[i].v > 0 && R(Pd)) t[i].v--;
            t[i].x = fL(t[i].x + t[i].v);
            if (t[i].v > c[i].v) ECost += t[i].v+c[i].v;
        }
        if(t[n-1].x<t[0].x){
            for(int i=1; i<n; i++)
                c[i]=t[i-1];
            c[0]=t[n-1];
         return 1;
        } else swap(t, c);
        memset(cnt, 0, sizeof cnt);
        for(int i=0; i<c.size(); i++)
            cnt[c[i].v]++;
        return 0;
    }
    void print(){
        for(int i=0; i<c.size(); i++)
            printf("(%d, %d) ", c[i].x, c[i].v);
        puts("");
    }
    void pos(FILE * fp){
        int ll = ((L+7)/8+3)/4 * 4 * 8;
        unsigned char tmp = 0;
        for(int i=0, j=0; i<ll; i++){
            int b=j<c.size()? (i<c[j].x? 1:(i! =c[j++].x)):1;
            tmp = (b<<7)|(tmp>>1);
            if(i&0xff)buf[i>>3]=tmp;
        }
        fwrite(buf, 1, ll/8, fp);
    }
};
#endif
```

```
CA. cpp：
# include <string>
# include "lane. h"
# include "gen. h"
# include "SaveBMP. h"
lane l[2];
int cnt[2];
char VPATH[200];
bool rule_s(lane &l0, lane &l1, int i, int j, int DXf)
{
    int m = l1. size();
    if (m==0) return DXf > 1;
    int k = fm(j−1);
    if(DXf > 1 && l1[j]. x ! = l0[i]. x && //! no parralel car
        fL(l0[i]. x − l1[k]. x) > min(l1[k]. v+1, l1[k]. vmax)) //! no
accident in the other lane
            return 1;
    return 0;
}
bool rule0(lane &l0, lane &l1, int i, int j, int DXf)
{
    int m = l1. size();
    if (m==0) return DXf < l0[i]. vmax;
    if(DXf < l0[i]. vmax){ //! Not enough space in this lane
        int k = fm(j−1);
        if(fL(l1[j]. x − l0[i]. x) > DXf)   //! More space in the other lane
            if (R(Pc)) return 1;
    }
    return 0;
}
bool rule1(lane &l0, lane &l1, int i, int j, int DXf)
{
    if (l1. size() == 0) return R(Pc);
    return R(Pc) && (fL(l1[j]. x − l0[i]. x) > min(l0[i]. v+1, DXf));
```

```cpp
        //! Enough or more space in the other lane
    }
    int median(int * c0, int * c1){
        int cnt[7];
        for(int i=0; i<7; i++)
            cnt[i] = c0[i] + c1[i];
      int tot = 0;
        for(int i=0; i<7; i++)
            tot += cnt[i];
        tot /= 2;
        for(int i=0; tot>0 && i<7; i++){
            tot -= cnt[i];
            if (tot<=0) return i;
        }
        return 6;
    }
    void chLaneSim(lane &l0, lane &l1, vector<car> &t0, vector<car> &t1, int
dir){
        int n=l0.size(), m=l1.size(), j=0;
        t0.clear(); t1.clear();
        bool flag = 1;
        if(! n){
            swap(t0, l0.c);
            return;
        }
        for(int i=0; i<n; i++){
            int DXf = fL(l0[fn(i+1)].x - l0[i].x);
            bool chLane = 1;
            for(; flag && j<m && l1[j].x<l0[i].x; j++);
            if (j==m) flag=j=0;
            chLane = chLane && rule_s(l0, l1, i, j, DXf);
            if (RULE == 16) chLane = 0;
            int rule, Vmedian = median(l0.cnt, l1.cnt);
            bool ff = l0[i].v>Vmedian ? 1 : (l0[i].v==Vmedian? R(0.5):0);
```

```
            rule = (dir<<1) + ((RULE&32) ? ff : (l0[i].vmax==Vmax0));
                                    //! 0: l—>r slow, 1: l—>r fast
            rule = (RULE>>rule) & 1;   //! 2: r—>l slow, 3: r—>l fast
            switch(rule){       //! two_car: 1001=9, sym: 0000, sym_two_lane:
1100=12
                case 0: chLane = chLane && rule0(l0, l1, i, j, DXf); break;
                case 1: chLane = chLane && rule1(l0, l1, i, j, DXf); break;
                default: break;
            }
            if(chLane)t1.push_back(l0[i]);
            else t0.push_back(l0[i]);
        }
    }
    void sim(lane &l0, lane &l1){
        vector<car> t00, t01, t10, t11;
        chLaneSim(l0, l1, t00, t01, 0);
        chLaneSim(l1, l0, t11, t10, 1);
        vector<car> t0, t1;
        t0.resize(t00.size() + t10.size());
        t1.resize(t01.size() + t11.size());
        merge(t00.begin(), t00.end(), t10.begin(), t10.end(), t0.begin());
        merge(t01.begin(), t01.end(), t11.begin(), t11.end(), t1.begin());
        swap(t0, l0.c);
        swap(t1, l1.c);
        cnt[0] += l0.advance(t0);
        cnt[1] += l1.advance(t1);
    }
    double func(int dx, int v){
        if(v==0)return 0;
        else return exp(-dx/v);
    }
    double cal_safety(lane &l){
        double res=0;
        if(l.size()==0)return 0;
        for(int i=0; i+1<l.size(); i++)
```

```
        res += func(l[i+1].x-l[i].x, l[i].v);
    res += func(l[0].x-l.c.back().x+L, l.c.back().v);
    return res;
}
void gao()
{
    l[0] = lane("lane0.csv");
    l[1] = lane("lane1.csv");
    FILE * fout0, * fout1;
    if(VISUALIZE){
        fout0 = SaveBmp((string(VPATH)+"0.bmp").c_str(), T, L);
        fout1 = SaveBmp((string(VPATH)+"1.bmp").c_str(), T, L);
    }
    int t;
    if(VISUALIZE) t=0; else t=T/5;
    while (t--) sim(l[0], l[1]);
    t = T;
    cnt[0] = cnt[1] = 0; AlphaSafety = 0; ECost = 0;
    while (t--) {
        sim(l[0], l[1]);
        l[0].OK();
        l[1].OK();
        if(VISUALIZE){
            l[0].pos(fout0);
            l[1].pos(fout1);
        }
        AlphaSafety+=cal_safety(l[0])+cal_safety(l[1]);
    }
    AlphaSafety/=l[0].size()+l[1].size();
    AlphaSafety/=T;
    //printf("Q=%.5lf AlphaS=%.5lf\n", cnt/2.0/T, AlphaSafety);
    if(VISUALIZE){
        fclose(fout0);
        fclose(fout1);
```

```
            }
     }
     pair<double, double> stat(vector<double> &a){
         assert(a. size()>=2);
         double mean=0;
         for(int i=0; i<a. size(); i++)
             mean+=a[i];
         mean/=a. size();
         double s=0;
         for(int i=0; i<a. size(); i++)
             s+=(a[i]-mean) * (a[i]-mean);
         s/=a. size()-1;
         s=sqrt(s);
         return make_pair(mean, s);
     }
     int main()
     {
         srand(time(0));
         FILE * fin = fopen("coef. prn", "r");
         FILE * fout = fopen("log. csv", "a");
         if (fin == NULL || fout == NULL) return -1;
         int sum=0;
         double den=0;
         fgets((char *)buf, 10000, fin);
         while(1){
             if(fscanf(fin, "%d %d %lf %lf %lf %lf %d %d %d %d %s",
                     &L, &T, &den, &Pd, &Pc, &Pv, &Vmax0, &Vmax1,
     &VISUALIZE, &RULE, VPATH)! =11){
                     break;
             }
             fprintf(fout, "%d, %d, %lf, %lf, %lf, %lf, %d, %d, %d, ",
                     L, T, den, Pd, Pc, Pv, Vmax0, Vmax1, RULE);
             vector<double> q[2], AlphaS, EC;
             int REP = VISUALIZE? 2:20;
             for(int i=0; i<REP; i++){
```

```
            gen("lane0. csv", L, den, Vmax0, Vmax1, Pv);
            gen("lane1. csv", L, den, Vmax0, Vmax1, Pv);
            gao();
            q[0]. push_back(cnt[0] * 1. 0/T);
            q[1]. push_back(cnt[1] * 1. 0/T);
            AlphaS. push_back(AlphaSafety);
            ECost /= cnt[0]+cnt[1];
            EC. push_back(ECost);
            printf("%d/%d RULE=%d Den=%. 3lf Q0=%. 3lf Q1=%. 3lf
AS=%. 3lf EC=%. 3lf\n", i+1, REP, RULE, den, q[0]. back(), q[1]. back(),
AlphaS. back(), EC. back());
          }
        pair<double, double> t0 = stat(q[0]), t1 = stat(q[1]), t2 = stat
(AlphaS), t3 = stat(EC);
        fprintf(fout, "%. 5lf, %. 5lf, %. 5lf, %. 5lf, %. 5lf, %. 5lf, %. 5lf,
%. 5lf\n", t0. first, t0. second, t1. first, t1. second, t2. first, t2. second, t3. first, t3.
second);
      }
      fclose(fout);
      fclose(fin);
  }
```

附录2 2020年全国大学生数学建模
竞赛优秀论文(获全国一等奖)及题目

1 全真优秀论文*

基于 Logistic 模型的银行最优信贷策略研究
摘 要

中小微企业的规模相对较小、抵押资产相对不足,银行对中小微企业放贷可能出现坏账,故需要制定一个合理的信贷策略。本文对附件数据进行分析,并建立 Logistic 回归模型,对最优信贷策略进行研究。

针对问题一,本文建立了量化信贷风险的指标评价体系:采用 3 个评价信贷风险的一级指标,包括企业实力、企业供需关系和企业信誉;通过对附件数据的处理,筛选出若干个对应的二级指标,对其进行 K-S 检验,筛选出对企业实力有显著影响的指标,剔除相似指标。依据建立的指标评价体系,本文建立了量化信贷风险的 Logstic 回归模型,使用附件 1 的数据回测,得出模型的整体误差为 2.44%,符合预期。本文以银行期望收益最大为目标,以企业的贷款额为决策变量,建立了最优信贷策略模型。在年度信贷总额为 3000 万元的前提下,运用此模型对附件 1 中的企业放贷,银行期望收益为 179.1353 万元,其中贷款企业数量为 31 家,各企业利率及贷款额见支撑材料。

针对问题二,附件 2 并没有给出信誉评价,考虑利用神经网络算法,采用问题一的指标及已有数据,建立信誉评级模型。在神经网络训练过程中,发现指标数据存在过于接近、无法准确分出四个等级的问题。考虑将问题转化成三次二分类的问题,建立三个神经网络进行求解,得到的结果准确率显著提升。利用得到的信誉评级模型对附件 2 中的企业进行评级(结果见支撑材料),并利用问题一的模型和策略进行求解。在年度信贷总额为 1 亿元的前提下,得到银行期望收益为 619.3203 万元,其中贷款企业数量为 230 家,各企业

---

* (参赛学生:肖勇德,余仲慰,周隽森;指导老师:朱建新)

利率及贷款额见支撑材料。

针对问题三,本文参考申万一级行业分类标准,将企业分成 7 大类,考虑突发因素对不同类型企业的影响。选取新冠病毒疫情作为突发因素,本文定义了疫情对每一大类企业的影响级别。在问题一最优信贷决策模型的基础上,结合疫情期间国家的财政政策,建立了新冠疫情期间的最优信贷调整模型。在年度信贷总额为 1 亿元的前提下,得到银行期望收益为 587.7597 万元,其中贷款企业数量为 166 家,各企业的利率及贷款额见支撑材料。

本文最后对模型的结果进行了分析,综合分析结果的合理性,以及对模型进行了推广,较好地应用于各个领域。

关键词: Logistic 模型;K-S 检验;BP 神经网络;信贷风险量化;最优信贷策略

一、问题重述

1.1　问题引言

中小微企业通常规模较小,且缺乏抵押资产。银行一般依据信贷政策,综合评判企业的信誉、企业的票据信息和上下游企业的影响力,对其信贷风险做出评估,以此为依据决定是否为企业放贷以及贷款的额度、利率、期限等。另外,银行会给予信誉高、信誉风险低的企业一定的利率优惠。

1.2　题目给出的信息及数据

(1)各企业的贷款额度均为 10 万~100 万元,年利率为 4%~15%;贷款期限为 1 年;

(2)附件 1 给出了企业的信誉评级、和违约情况;

(3)附件 1、2 均给出了企业进项发票、销项发票的详细数据;

(4)附件 3 给出了 2019 年银行贷款利率与客户(企业)流失率的关系。

1.3　问题的提出

根据题目中给出的信息及题目的要求,通过建立数学模型来求解以下问题:

问题一要求使用附件 1 中 123 家企业的详细数据,对其信贷风险进行量化分析,建立信贷风险模型,并根据此模型确定年度信贷总额固定时银行的信贷策略;

问题二要求在问题一建立的信贷风险模型基础上,量化分析附件 2 中302 家企业的信贷风险,确定年度信贷总额为 1 亿元时银行的信贷策略。

问题三要求考虑一些影响企业生产经营和经济效益的突发因素,在问题二得出的企业信贷风险的基础上,综合考虑企业的行业背景,给出针对问题二的信贷调整策略。

二、问题分析

针对问题一:由题意可知信贷风险跟企业实力、供需关系(即上下游影响力)和信誉有关,为了量化信贷风险,本文做如下处理:

1. 选取企业实力、企业信誉和企业供需关系作为评价信贷风险的一级指标。

2. 经过对附件数据的分析,选取如下 5 个二级指标评价企业实力:年均销项总额、最近一年销项总额增长率、年均进项总额、最近一年进项总额增长率;企业供需关系的评价选取有效发票占比作为指标;而企业的信誉采用银行对企业的信誉评级来评价。

对于企业实力,由于 5 个指标对其的影响未知,本文采用 K-S 检验,筛选出对企业的实力有显著影响的指标。随之可建立 Logistic 回归分析模型来量化企业的信贷风险。

若以该模型输出值作为企业的信贷风险,并明确银行的最优信贷策略的目标是使预期损失达到最小,以该目标为目标函数,结合相关约束条件,即可建立起寻找最优信贷策略的优化模型,求解该模型即可得到最优的信贷策略。

针对问题二:附件 2 中未给出企业的信誉评级,无法利用问题一建立的信贷风险模型求解。因此考虑先利用神经网络,采用问题一中 K-S 检验筛选出的指标,建立起信誉评级模型,对附件二的 302 家企业进行信誉评级。再利用问题一建立的 Logistic 回归分析模型对 302 家企业的进行信贷风险分析,最后求解最优化信贷策略的优化模型。

针对问题三:同一突发因素对不同行业、不同类别的企业的影响是不同的,不同的突发因素对同一企业的影响也是不同的,难以给定单一参数来定量分析不同因素对企业的影响,只能针对具体突发因素给出具体的定义。同时,为了定量分析突发因素对企业的影响,应先对企业进行分类,以便体现某一突发因素对一类企业的影响。通常,出现突发因素后,新出台的国家财政政策应作为银行的首要考虑因素,以确保其落实到位,实现保障中小微企业融资需求并降低融资成本的目标。因此需要在这一大前提下,银行调整信贷策略使得自身利润最大化。

三、模型假设及数据准备

3.1 模型假设

(1)银行所获得企业的财务信息都是准确可靠的,企业不存在欺诈行为,亦不存在遗漏;

(2)假设企业的信贷风险只与企业实力、供需关系(即上下游影响力)和信誉有关,不受其他的因数影响;

(3)假设当企业违约时银行即无法收回贷款及利息;当企业不违约时银行就一定能收回贷款及利息。

(4)银行不向信誉等级为 D 的企业贷款。

3.2 数据准备

3.2.1 Excel 预处理

为方便在 Matlab 中进行数据分析,需要对附件中的数据做一定预处理,主要包括:

(1)对附件中非纯数字形式的数据进行加工,主要目的是去除字母,使其能作为纯数字导入 Matlab。

(2)对附件中涉及逻辑判断的数据加工为 0,1 形式。例如 0 和 1 分别代表报废发票和有效发票。

3.2.2 Matlab 处理

(1)将数据导入 Matlab,进一步计算各企业的年(月)销项(进项)总额及其增长率、有效发票率。

(2)对数据进行初步检验,可以发现由于附件中部分数据缺失,导致计算的结果出现 0 或 $+\infty$,基于假设 3.1(1),认为这是企业的正常经营数据。但问题二中为提高神经网络的训练效率,剔除了数据中出现 $+\infty$ 的 3 家企业,最终得出的可用数据包含 120 家企业。

四、符号说明

D	信誉等级
DJ_i	疫情对第 i 家企业的影响等级
T	银行年度信贷总额
P_i	第 i 家企业的违约概率

续表

x_i	第 i 家企业的贷款额
W_i	企业 i 的贷款意愿
l_i	银行的贷款判断标记
EZ	银行的期望收入
Z	K-S检验统计量
α	违约界
β_i	回归系数
r	利率
r_i'	受突发因素影响的利率
$alpha$	银行获利影响系数

五、模型的建立与求解

5.1 问题一

5.1.1 量化信贷风险模型的建立

5.1.1.1 量化指标选取

（1）企业实力指标

通过对附件信息的分析，有以下结论：

1. 销项发票的信息主要体现了企业的收入能力。因此使用企业的年均销项总额和最近一年销项总额增长率来评价企业的业务收入水平。

2. 进项发票的信息主要呈现企业采购方面的信息，采购业务是一个企业正常生产、经营的基础。因此使用年均进项总额和最近一年进项总额增长率来评价企业采购水平。

（2）企业供需关系指标

有效销项发票的占比体现企业对需求链（下游企业）的控制能力，而有效进项发票的占比体现了企业对供应链（上游企业）的控制能力。因此使用有效发票占比来评价企业的供需关系。

（3）企业信誉指标

企业的信誉评级由银行根据企业的实际情况评定，因此本问直接引用银行的数据。

5.1.1.2　量化评价体系的建立

基于上文的描述,本文建立了如图 5-1-1 所示的评价体系。

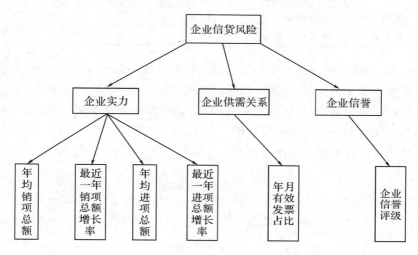

图 5-1-1　企业信贷风险评价体系

5.1.1.3　使用 K-S 检验筛选评价企业实力指标

K-S 检验即柯尔莫可洛夫—斯米洛夫检验(Kolmogorov-Smirnov Test),用于检验一个样本是否符合某种分布,如正态分布、均匀分布、指数分布,或比较两个样本之间是否有显著差异[1]。本文使用两个样本的 K-S 检验来筛选对企业的实力有显著影响的指标。设任意两个指标在所有年份的两个独立的样本分别为 X_1, X_2,样本容量分别为 n_1, n_2,$F_1(x), F_2(x)$ 为两样本的累积经验分布函数,要检验的假设如下:

原假设:H_0:X_1 与 X_2 的总体分布相同;

备择假设:H_0:X_1 与 X_2 的总体分布不相同。

构造用于假设检验的统计量为:

$$Z = \max_j |F_1(X_j) - F_2(x_j)| \sqrt{\frac{n_1 n_2}{n_1 + n_2}} \text{。}$$

该统计量近似服从正态分布。本文选取显著水平 $\alpha = 0.05$,选取前述指标进行检验,检验结果如表 5-1-1 所示:

表 5-1-1 K-S 检验结果

样本 1	样本 2	p	h	结论
年均销项总额	年均进项总额	0.0043	1	拒绝原假设
年销额增长率	年进额增长率	0.8852	0	接受原假设

结果表明,年销额增长率和年进额增长率总体分布没有显著差异,不能明显地评价企业实力,故从这两个指标中随机剔除一个。不失一般性,本文剔除年进额增长率。由此,本文选取年均销项总额、年均进项总额、年销额增长率三个指标作为企业实力的评价依据。

修改后的评价体系如图 5-1-2 所示:

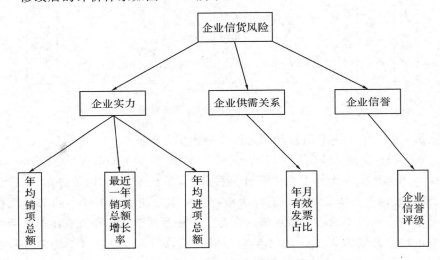

图 5-1-2 更正的企业信贷风险评价体系

5.1.1.4 量化信贷风险的 Logistic 回归模型的建立[1]

设第 k 家企业的评分为

$$f_k(x_k) = \beta_0 + \sum_{i=1}^{n} \beta_i x_{ki},$$

将 $f_k(x_k)$ 代入 Sigmoid 函数中,则可以得到量化第 k 家企业信贷风险的 Logistic 回归模型:

$$P_k(x_k) = \frac{1}{1 + e^{-f_k(x_k)}}$$

其中 $\beta_i (i=0,1,\cdots,n)$ 表示第 i 项指标变量的回归系数,$P_k(x_k)$ 表示第 k 家企

业发生违约的概率,取值范围为 $(0,1)$,其中当 $P_k(x_k)$ 趋于 1 时,企业的信贷风险增高;当 $P_k(x_k)$ 趋于 0 时,企业的信贷风险降低。

设 $y_k(k=1,2,\cdots,n)$ 表示第 k 家企业是否发生违约行为的二分变量,其中

$$y_k=\begin{cases}1,\text{企业发生违约},P_k(x_k)>\alpha\\0,\text{企业不发生违约},P_k(x_k)<\alpha\end{cases},\text{其中 }\alpha\text{ 表示违约界限}$$

要确定 $P_k(x_k)$ 的具体表达式,就要求出回归系数 $\beta_{ki}(k=1,2,\cdots,n;i=0,1,\cdots,m)$,这里使用极大似然估计估计的方法来求解,具体的求解过程如下:

对于 $P_k(x_k)=\dfrac{1}{1+\mathrm{e}^{-f_k(x_k)}}$,有 $\mathrm{e}^{-f_k(x_k)}=\dfrac{1}{P_k}-1=\dfrac{1-P_k}{P_k}$,故可以得到评分 $f_k(x_k)$ 与 $P_k(x_k)$ 之间的关系,

$$f_k(x_k)=\ln\left(\frac{P_k}{1-P_k}\right)。 \qquad (*)$$

显然,$P(y_k=1|x_k)=P_k$,$P(y_k=0|x_k)=1-P_k$,将这两式组成一个式子如下:

$$P(y_k|x)=P_k^{y_k}(1-P_k)^{1-y_k}。$$

将所有的 $P(y_k|x)$ 相乘,得到如下的式子:

$$L(x)=\prod_{k=1}^{n}P_k^{y_k}(1-P_k)^{1-y_k}。$$

对 $L(x)$ 取对数,可以得到似然函数 $l(x)$:

$$\begin{aligned}l(x)&=\sum_{k=1}^{n}\ln(P_k)y_k+\ln(1-P_k)(1-y_k)\\&=\sum_{k=1}^{n}y_k\ln(\frac{P_k}{1-P_k})+\ln(1-P_k)。\end{aligned}$$

结合 $(*)$ 式,可以将 $l(x)$ 化简如下:

$$l(x)=\sum_{k=1}^{n}y_kf_k(x_k)-\ln(1+\mathrm{e}^{f_k(x_k)})$$

即

$$l(x)=\sum_{k=1}^{n}y_k(\beta_0+\sum_{i=1}^{m}\beta_ix_{ki})-\ln(1+\mathrm{e}^{\beta_0+\sum_{i=1}^{m}\beta_ix_{ki}})。$$

关于 $l(x)$ 取对 β_0 求偏导,有

$$\frac{\partial l(x)}{\partial\beta_0}=\sum_{k=1}^{n}y_k-\frac{\mathrm{e}^{\beta_0+\sum_{i=1}^{m}\beta_ix_{ki}}}{1+\mathrm{e}^{\beta_0+\sum_{i=1}^{m}\beta_ix_{ki}}}=0。$$

关于 $l(x)$ 对 $\beta_i(i=1,2,\cdots,n)$ 求偏导,有

$$\frac{\partial l(x)}{\partial \beta_i} = \sum_{k=1}^{n} y_k x_{ki} - \frac{(e^{\beta_0 + \sum_{i=1}^{m} \beta_i x_{ki}}) x_{ki}}{1 + e^{\beta_0 + \sum_{i=1}^{m} \beta_i x_{ki}}} = 0 。$$

联立以上各式,可计算出回归系数 $\beta_i(i=0,1,\cdots,n)$。

使用 Matlab 求解得到 Logistic 回归系数如表 5-1-2 所示:

表 5-1-2　Logistic 回归系数表

指标	回归系数
常数项	-19.831421
年均销项总额(X_1)	-8.870332×10^{-9}
最近一年销项总额增长率(X_2)	-0.000394
年均进项总额(X_3)	-4.649043×10^{-9}
有效发票占比(X_4)	0.027370
企业信誉评级(X_5)	5.198074

故可以得到企业违约的概率公式:

$$P(y=1)$$
$$= \frac{1}{1 + e^{19.831421 - 8.870332 \times 10^{-9} X_1 + 0.000394 X_2 + 4.649043 \times 10^{-9} X_3 - 0.027370 X_4 - 5.198074 X_5}} 。$$

5.1.1.5　Logistic 回归模型求解结果与分析

本文确定违约界 $\alpha = 0.5$,使用以上建立的量化信贷风险模型回测附件 1 中的企业是否违约,结果如表 5-1-3 所示:

表 5-1-3　求解结果与实际对比

	违约企业数量	非违约企业数量	违约企业占比
模型求解结果	24	99	0.1951
实际情况	27	96	0.2195

模型求解结果与实际情况的误差为 2.44%,误差较小,验证了模型的准确性,说明本文建立的 Logistic 量化信贷风险模型是可靠的。

5.1.2　最优信贷策略模型的建立与求解

在确定银行不向信誉等级为 D 的企业贷款的基础上,假设银行不向违约概率大于 50% 的企业贷款。设银行同意贷款的企业数量为 N,x_i 为第 i 家企业的贷款额,银行年度信贷总额为 T,P_i 为第 i 家企业的违约概率。

（1）贷款年利率的确定

对不同信誉等级的企业打分，具体结果如表 5-1-4 所示。

表 5-1-4　信誉等级及其分值

信誉等级	A	B	C
等级分值	1	3	5

考虑到银行对信誉高、信贷风险小的企业给予利率优惠，此处本文结合这两个因素，定义了不同的信誉等级、信贷风险的企业的利率公式

$$r = 4\% + \frac{score}{5} \times (15\% - 4\%) + P ,$$

其中 r 表示企业的利率，$score$ 表示企业的等级分值，P 表示企业的违约概率。且为使利率保持在 4% 到 15% 之间，还应满足

$$r = \begin{cases} r, & x < 15\% \\ 15\%, & r \geqslant 15\% \end{cases} 。$$

（2）定义企业贷款意愿 w

第 i 家企业在贷款利率为 ri 且信誉等级为 $gradei$ 的前提下，设企业 i 的客户流失率为 ls_i，则企业 i 的贷款意愿 w_i 的定义如下：

$$w_i = 1 - ls_i = \begin{cases} f_A(r_i), & grade_i = A \\ f_B(r_i), & grade_i = B \\ f_C(r_i), & grade_i = C \end{cases} ,$$

其中 $f_A(r), f_B(r), f_C(r)$ 是根据附件 3 中的不同评级企业的流失率与贷款利率的关系，使用最小二乘法拟合出来的曲线。各评级企业贷款意愿与银行贷款利率之间的关系的散点图如图 5-1-3。

由散点图可发现，各评级企业贷款意愿与银行贷款利率大致呈二次关系，故本文使用最小二乘二次拟合两者间的曲线，拟合的结果如图 5-1-4 所示。

对两条曲线进行数据分析，评判拟合的可靠性，结果如表 5-1-5 所示。

表 5-1-5　拟合准确度分析

企业评级	均方误差	协方差	相关系数
A	4.8287×10^{-4}	0.0711	0.9965
B	3.5765×10^{-4}	0.0669	0.9972
C	3.2464×10^{-4}	0.0684	0.9976

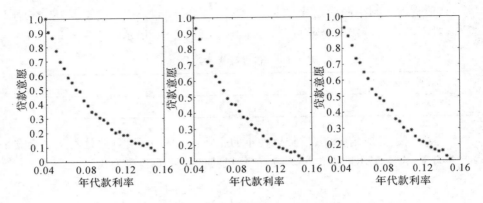

图 5-1-3　企业贷款意愿与银行贷款利率间的关系散点图

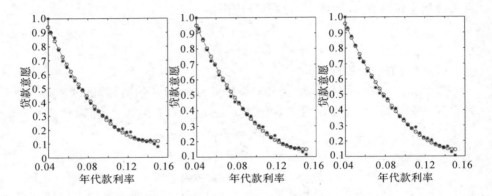

图 5-1-4　企业贷款意愿与银行贷款利率的拟合图像

由表 5-1-5 可知，拟合得出的数据与原始数据误差极低，相关性极高，验证了拟合的可靠性。

下面给出各个拟合函数的表达式，如表 5-1-6 所示。

表 5-1-6　企业贷款意愿与银行贷款利率间的关系

信誉等级	企业贷款意愿与银行贷款利率间的关系式
A	$f_A(r) = 76.4101 \times r^2 - 21.9844 \times r + 1.6971$
B	$f_B(r) = 67.9331 \times r^2 - 20.2072 \times r + 1.6504$
C	$f_C(r) = 63.9422 \times r^2 - 19.5693 \times r + 1.6393$

（3）企业是否贷款的定义

规定当企业的贷款意愿 w 大于 0.5 时，企业才会向银行申请贷款，是否贷款的记为 l_i，l_i 只能取 0 和 1 两种结果，其中

$$l_i = \begin{cases} 1 & w_i > 0.5 \\ 0, & w_i \leqslant 0.5 \end{cases}。$$

（4）目标函数的确定

本文认为最优信贷决策应使得银行的期望收益最高，由此，设银行的期望收入为 EZ，可定义模型的目标函数为

$$\max EZ = \sum_{i=1}^{N} x_i (1 - P_i)(1 + r_i) l_i。$$

综合上述约束（1）（2）（3）（4）和以及题目中关于贷款金额和年利率的约束，本文建立了求解最优贷款策略的模型如下：

$$\max \quad EZ = \sum_{i=1}^{N} x_i (1 - P_i)(1 + r_i) l_i$$

s. t.

$$\begin{cases} 0 \leqslant x_i \leqslant 100 \\ 0.04 \leqslant r_i \leqslant 0.15 \\ \sum_{i=1}^{N} x_i \leqslant T \\ r_i = 0.04 + \dfrac{score_i}{5} \times 0.11 \times P_i \\ w_i = \begin{cases} f_A(r_i), grade_i = A \\ f_B(r_i), grade_i = B \\ f_C(r_i), grade_i = C \end{cases} \\ l_i = \begin{cases} 1, & w_i \geqslant 0.5 \\ 0, & w_i < 0.5 \end{cases} \\ i = 1, 2, \cdots, N \end{cases}$$

求解该模型的具体步骤如下：

Step 1：挑选信誉好、风险小的企业。

使用建立的 Logistic 模型，求出每一家企业的违约概率，将信誉等级为 D、违约概率大于 50% 的企业剔除；

Step 2：利用利息计算公式算出每一家企业的贷款年利率 r；

Step 3：根据企业信誉等级，利用计算企业贷款意愿的公式算出每一家企业的 w；

Step 4：根据每家企业的贷款意愿 w，求出是否会申请贷款的标记 l；

Step 5：将已经求出的参数代入模型，将其转化为线性规划模型来进行求解。

求解该模型的流程图如图 5-1-5 所示。

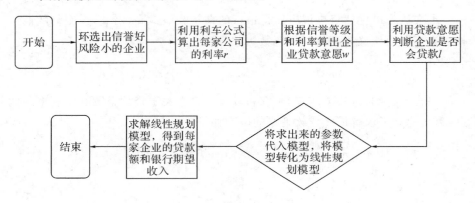

图 5-1-5　模型求解的流程图

5.1.3　最优信贷模型的求解结果

本文假设银行的年信贷总额为 3000 万元，银行的放贷对象为附件 1 中的企业，利用建立的最优信贷模型求解最优信贷策略，银行按照得到的最优策略放贷，可获得的期望收入为 179.1353 万元，其中贷款企业数量为 31 家，每家放贷企业的利率及贷款额见支撑材料。银行的放贷收益率为 5.97％，符合条件，在一定程度上验证了本文所建立模型的正确性。

5.2　问题二的模型建立与求解

5.2.1　企业信誉评价指标模型的建立

5.2.1.1　神经网络的引入

注意到，附件 2 的企业数据并没有给出附件 1 中的信誉评级，但信誉评级是衡量信贷风险、建立 Logistic 回归模型的重要指标，因此有必要建立信誉评级模型对企业进行评级。

新建立的评级模型应与附件 1 所含的信誉评级一致，即分为 A、B、C、D 四个等级，因此这可以看作一个多分类问题。对于多分类问题，神经网络等机器学习算法具有明显的优势，因此考虑利用多类别神经网络，根据附件 1 的数据建立评级预测模型,由此对附件 2 的企业进行信誉评级。

BP 神经网络采用反向传播学习算法和非线性可微转移函数,是典型的多层结构神经网络。BP 神经网络具有很强的学习能力,一个三层的 BP 神经网络就可以高精度逼近一个给定的连续函数[2],同理亦可以解决其他预测问题。

BP 神经网络的结构如图 5-2-1 所示。

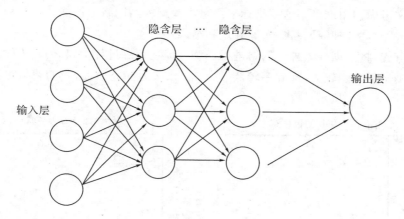

图 5-2-1　BP 神经网络结构

由图可以看出,BP 神经网络可具有多层结构,包括输入层、若干个隐含层以及输出层。其中输入层和隐含层之间、隐含层与输出层之间一般采用激励函数。

5.2.1.2　神经网络的训练方法

为了更好地得到结果,本文采取以下优化处理:

(1)训练集的选择:

根据已有的数据,建立企业实力指标和企业供需关系指标,在 3.2 中我们得到处理后的 120 家企业的各项数据,在其中随机选择 100 组数据作为训练集,剩余 20 组作为测试集,并进行多次测试。

(2)训练目标集的处理:

由于神经网络输出应为数值型,因此将目标集,即评级进行量化,使 A、B、C、D 四个等级分别对应四个向量:[1 0 0 0],[0 1 0 0],[0 0 1 0]和[0 0 0 1],这样更利于神经网络输出分类。

（3）输出集的处理：

由于神经网络最后输出的结果通常为浮点型向量，因此选取其最大的元素使其为1，其他为0。这样就可以将结果归入上述四类。

（4）神经网络的评价指标：

在本问题中，神经网络的输出为四个向量，因此用均方误差并不合适。所以本文考虑利用准确率这一指标来衡量本模型神经网络的性能。

5.2.1.3　神经网络的实际处理和结果

首先，将数据导入神经网络进行训练。但在训练过程中，我们发现输出结果和测试集差距较大，准确率较低，约为40%。为探究原因，我们将数据可视化，如图5-2-2所示。

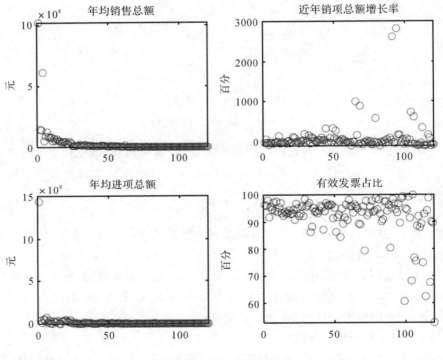

图 5-2-2　数据可视化

可以看到各指标数据过于相似，难以准确分出四类。因此我们利用系统聚类分析，等级聚类图如图5-2-3所示。

根据上图，我们发现第一，三，四类仅有6个，其余的都集中在第二类，与

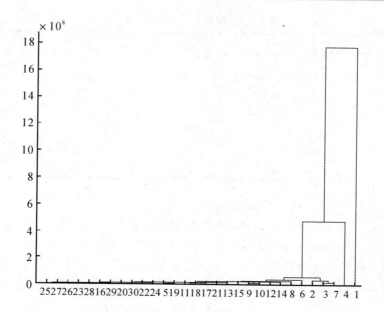

图 5-2-3　等级聚类图

上面各指标数据较集中的结论一致,进一步表明一次性将企业分为四类的结果是并不可信的。

因此考虑建立多个神经网络,进行多次二分类,即先分成 D 类和 A、B、C 类,然后再对 A、B、C 类再细分为 C 类和 A、B 类。依次下去,最后分 A、B 两类。

这样做的实际意义是:先把信誉评级为 D(不给予贷款)的企业选出来,然后再把信誉评级较差的 C 类企业选出来,以此类推。这样能够大大减少银行给信誉差的企业贷款的概率,同时神经网络训练的结果也得到较大提升。

表 5-2-1　数据可视化

神经网络	准确率
D—ABC	95%
C—AB	75%
B—A	75%

最终,代入附件 2 的数据指标,得到各企业的信誉评分,这里给出部分企业的数据,详细数据将在本文的附件中给出。

表 5-2-2　数据可视化(详见附件)

企业代号	评分
...	...
E348	A
E349	D
E350	C
E351	A
E352	C
...	...

5.2.2　利用问题一的模型求解

根据 3.2 中处理的 302 家企业的数据和企业信誉评级指标,利用问题一中建立的 Logistic 回归模型得到企业的信贷风险,并使用问题一中建立的最优信贷策略模型求解得到对每一家企业的最优策略,部分企业的最优信贷策略如表 5-2-3 所示。

表 5-2-3　数据可视化(详见支撑材料)

企业代号	信誉评级	违约概率	利率	额度/万元	预计获利/万元
...		...	...	...	...
E192	D	0.9399	/	0	0
E135	C	0.0242	0.0642	10	0.6422
E124	A	2.738×10^{-12}	0.0620	100	6.2000
E142	A	3.315×10^{-5}	0.0620	100	6.2003
E283	A	3.3357×10^{-6}	0.0620	100	6.2004
...	...	...	...	...	...

基于本文的最优信贷策略,对所有企业的信贷数据进行统计与分析,可以得出银行在年度信贷总额为 1 亿元的条件下,对 230 家企业放贷,利润为619.3203 万元。详细数据见支撑材料。

5.3　问题三的模型建立与求解

由于每个突发因素对不同企业的影响都是不同的,不可能考虑所有的突发因素,因此本文选取新冠疫情这一突发因素分析对企业的影响。

根据企业所处行业及类别,参考申万一级行业分类标准[3],对所有企业进行分类。由于申万一级行业共 28 个,数量较多,这里对其进一步合并修改,并将个体经营视为单独的行业。最终分类的结果如表 5-3-1 所示。

表 5-3-1　行业分类

企业类别	数量(单位:家)	突发因素的影响等级
传媒服务商业贸易类(S_1)	114	ω_1
电子机械设备制造及原材料类(S_2)	47	ω_2
个体类(S_3)	56	ω_3
计算机类(S_4)	22	ω_4
建筑装饰类(S_5)	54	ω_5
食品饮料类(S_6)	4	ω_6
医药生物类(S_7)	5	ω_7

同时,定义疫情对企业的影响等级如表 5-3-2 所示。

表 5-3-2　疫情对各个企业的影响等级

企业类别	疫情影响等级
传媒服务商业贸易类	5 级
电子机械设备制造及原材料类	4 级
个体类	7 级
计算机类	2 级
建筑服饰	6 级
食品饮料	3 级
医药生物	1 级

　　面对新冠肺炎疫情对中小微企业造成的巨大冲击,银保监会等相关部门坚决贯彻党中央、国务院的决策部署,出台了一系列措施,促进中小微企业融资规模明显增长、融资结构更加优化、同时综合融资成本明显下降[4]。因此认为可以适当降低银行的期望利益,适当扶持中小微企业。本文提出根据疫情对不同行业的影响等级,在问题一利率计算公式的基础上,重新定义了计算利率的公式如下:

　　对于第 i 家企业有

$$r_i' = 4\% + \frac{score_i}{5} \times (15\% - 4\%) + P + (15\% - r_i) \times \frac{DJ_i}{14},$$

$$r_i' = \begin{cases} r_i', & r_i' \leqslant 15\% \\ 15\%, & r_i' > 15\% \end{cases},$$

其中 r_i' 表示第 i 家企业新的贷款利率,r_i 表示第 i 家企业使用问题一中的计算利率公式算出来的贷款利率，DJ_i 表示疫情对第 i 家企业的影响等级，计算规则如下：

$$如果第 i 家企业 \in S_j，则 DJ_i = j。$$

将修改后的利率计算公式代入问题一中的最优信贷策略模型，得到求解问题三的模型。

其中加入的 $alpha$：

(1)国家财政政策的出台，融资利率下调，企业融资成本下降，银行利润降低；

(2)疫情影响导致的坏账或逾期比例的提高。

本文选取 $alpha = 0.85$。

模型如下：

$$\max EZ = \sum_{i=1}^{N} x_i (1 - P_i)(1 + r_i) l_i。$$

综合上述约束(1)(2)(3)(4)和以及题目中关于贷款金额和年利率的约束，本文建立了求解最优贷款策略的模型如下：

$$\max \quad EZ = alpha \sum_{i=1}^{N} x_i (1 - P_i)(1 + r_i) l_i$$

s. t.

$$
\begin{cases}
10 \leqslant x_i \leqslant 100 \\
0.04 \leqslant r_i \leqslant 0.15 \\
\sum_{i=1}^{N} x_i \leqslant T \\
r_i = 0.04 + \dfrac{score_i}{5} \times 0.11 \times P_i \\
r'_i = 4\% + \dfrac{score_i}{5} \times (15\% - 4\%) + P + (15\% - r_i) \times \dfrac{DJ_i}{14} \\
r'_i = \begin{cases} r'_i, & r'_i \leqslant 15\%; \\ 15\%, & r'_i > 15\% \end{cases} \\
w_i = \begin{cases} f_A(r'_i), & grade_i = A \\ f_B(r'_i), & grade_i = B \\ f_C(r'_i), & grade_i = C \end{cases} \\
l_i = \begin{cases} 1, & w_i \geqslant 0.5 \\ 0, & w_i < 0.5 \end{cases} \\
i = 1, 2, \cdots, N
\end{cases}
$$

该模型的求解步骤与问题一中的最优信贷决策模型类似，求解该模型，得到调整后的最优信贷策略。基于该策略,在年度信贷总额为1亿元的条件下,银行可以获利587.7597万元,其中发放贷款的总企业数量为166家,总贷款额为1亿元。详细数据见支撑材料。

六、模型的评价与改进

6.1 模型的评价

6.1.1　模型的优点

(1)问题一建立的Logistic逻辑回归模型来量化信贷风险,将结果与附件1的实际数据进行对比分析,得到模型的整体误差为2.44%,证明了模型的准确性与稳定性。

(2)在问题二的信誉评级模型中,为改进四分类准确率较低的问题,建立了多个神经网络,转化成多个二分类问题。除了能避免误差过大,准确率低的情况之外,还具备一定的现实意义,能帮助银行简化筛选过程。

6.1.2　模型的缺点

(1)对求解结果进行分析,发现问题一建立的最优信贷决策模型,对信贷风险与企业的信誉非常敏感,导致信誉较好、风险较小的企业的贷款额迅速向最大贷款额靠近,而信誉较差、风险较大的企业的贷款额迅速往最小贷款额靠近,故造成很多的企业贷款额都是100万或者10万,而附件中的很多企业的信誉与风险都较好,模型无法对他们进行精确的信贷决策,模型精度有待提高。

(2)信誉评价模型当中,利用了多个神经网络,有可能导致误差的传递,使得结果准确率降低。

6.2　模型的改进

(1)针对缺点(1),可以选择模型对企业风险或者信誉的敏感度方面来优化模型,进一步提高模型对企业的区分度,以进行更精确的信贷决策。

(2)针对缺点(2),可对神经网络加入监督和竞争,如LVQ算法,使其在多分类问题下有更好的结果。针对多分类问题,还可以使用决策树,随机森林等更加高效的方法。

七、参考文献

[1] 张雯.基于Logistic回归的中小型企业信用评估[D].济南:山东大学,2020.

［2］李德毅,于剑.人工智能导论［M］.北京:中国科学技术出版社,2018:
116-117.

［3］申银万国行业分类标准［R］.上海:申银万国证券研究所,2014.

［4］中国人民银行,银保监会,发展改革委,工业和信息化部,财政部,市
场监管总局,证监会,外汇局.关于进一步强化中小微企业金融服务
的指导意见［EB/OL］. http://www. pbc. gov. cn/goutongjiaoliu/
113456/113469/4032186/index. html,2020-06-01.

附录一　文件目录

名称	修改日期	类型	大小
302家企业的数据.xlsx	2020/9/13 17:01	Microsoft Excel ...	22 KB
第一问贷款策略.xls	2020/9/13 16:57	Microsoft Excel ...	33 KB
第三问贷款策略.xls	2020/9/13 17:00	Microsoft Excel ...	44 KB
第二问贷款策略.xls	2020/9/13 16:59	Microsoft Excel ...	50 KB
data.mat	2020/9/13 17:10	MAT 文件	14,490 KB
work_2.m	2020/9/13 14:43	M 文件	1 KB
Problem3.m	2020/9/13 14:36	M 文件	2 KB
problem2_p.m	2020/9/13 16:13	M 文件	2 KB
problem1_2.m	2020/9/13 16:10	M 文件	2 KB
problem1.m	2020/9/13 14:34	M 文件	1 KB
nihequxian.m	2020/9/13 16:07	M 文件	1 KB
niantongbi.m	2020/9/12 2:11	M 文件	1 KB
nianliushui_r.m	2020/9/13 14:21	M 文件	1 KB
nianliushui.m	2020/9/11 17:48	M 文件	2 KB
network3.m	2020/9/13 14:43	M 文件	1 KB
network2.m	2020/9/13 14:54	M 文件	1 KB
network1.m	2020/9/13 14:50	M 文件	1 KB
myfunction_3.m	2020/9/12 19:31	M 文件	4 KB
myfunction_2.m	2020/9/12 19:27	M 文件	4 KB
myfunction_1.m	2020/9/12 18:55	M 文件	4 KB
liushui.m	2020/9/11 17:49	M 文件	1 KB
ks.m	2020/9/13 15:49	M 文件	1 KB
gongqiu.m	2020/9/12 12:53	M 文件	1 KB
DRAW.m	2020/9/12 14:44	M 文件	1 KB
Create_4.m	2020/9/13 14:52	M 文件	1 KB
Create_3.m	2020/9/13 14:52	M 文件	1 KB
Create_2.m	2020/9/13 14:52	M 文件	1 KB
Afinaldata.m	2020/9/12 2:43	M 文件	1 KB

附录 A 计算年销售额/采购额

```
function [nianxjco]=nianliushui(xjNO,xjdate,xjcost,xjstatus,n)
%计算每年的销售额或采购额
%[aaanianxco_1]=nianliushui(xNO_1,xdate_1,xcost_1,xstatus_1,123);
%[aaanianjco_1]=nianliushui(jNO_1,jdate_1,jcost_1,jstatus_1,123);
    nianxjco=zeros(n,5);
    for i=1:size(xjdate,1)
        switch year(xjdate(i))
            case 2016
                switch xjstatus(i)
                    case 1
                        nianxjco(xjNO(i),1)=nianxjco(xjNO(i),1)+xjcost(i);
                    case 0
                end
            case 2017
                switch xjstatus(i)
                    case 1
                        nianxjco(xjNO(i),2)=nianxjco(xjNO(i),2)+xjcost(i);
                    case 0
                end
            case 2018
                switch xjstatus(i)
                    case 1
                        nianxjco(xjNO(i),3)=nianxjco(xjNO(i),3)+xjcost(i);
                    case 0
                end
            case 2019
                switch xjstatus(i)
                    case 1
                        nianxjco(xjNO(i),4)=nianxjco(xjNO(i),4)+xjcost(i);
                    case 0
                end
            case 2020
                switch xjstatus(i)
                    case 1
                        nianxjco(xjNO(i),5)=nianxjco(xjNO(i),5)+xjcost(i);
                    case 0
                end
        end
    end
end
```

附录 B　计算年同比增长

```
function [aaaxjtb]=niantongbi(aaanianxjco,n)
%计算年同比增长,单位%
%[aaanianxtb_1]=niantongbi(aaanianxco_1,123);
%[aaanianjtb_1]=niantongbi(aaanianjco_1,123);
    aaaxjtb=zeros(n,5);
    for i=1:n
        for j=2:3
            aaaxjtb(i,j+1)=(aaanianxjco(i,j+1)-aaanianxjco(i,j))/aaanianxjco(i,j);
        end
    end
    aaaxjtb=aaaxjtb*100;
end
```

附录 C　计算年有效发票的占比

```
function [aayouxiaolv_12]=youxiao(xNO_12,jNO_12,xstatus_12,jstatus_12,n)
%计算有效发票的占比
%[aanianyouxiaolv_1]=youxiao(xNO_1,jNO_1,xstatus_1,jstatus_1,123);
%[aanianyouxiaolv_2]=youxiao(xNO_2,jNO_2,xstatus_2,jstatus_2,302);
    status_12=[xstatus_12;jstatus_12];NO_12=[xNO_12;jNO_12];
    aayouxiaolv_12=zeros(n,1);count=zeros(n,1);
    for i=1:size(status_12,1)
        if status_12(i)==1
            aayouxiaolv_12(NO_12(i),1)=aayouxiaolv_12(NO_12(i),1)+1;
        end
        count(NO_12(i),1)=count(NO_12(i),1)+1;
    end
    for i=1:n
        aayouxiaolv_12(i)=100*aayouxiaolv_12(i)/count(i);
    end
end
```

附录 D　获取有效数据

```
function
    [aaafinaldata]=Afinaldata(aaanianxco_1,aaanianjco_1,aaanianxtb_1,aaanianjtb_1,aanianyouxiaolv_1)
    b=aaanianxco_1;
    b(b==0)=NaN;
    b=b';
    bmean=mean(b,'omitnan');

    bmean=bmean';

    bb=aaanianjco_1;
    bb(bb==0)=NaN;
    bb=bb';
    bbmean=mean(bb,'omitnan');
    bbmean=bbmean';

    aaafinaldata=[bmean,aaanianxtb_1(:,4),bbmean,aaanianjtb_1(:,4),aanianyouxiaolv_1];
end
```

附录 E K-S 检验

```
%%
n=123;
hyuexco_1=zeros(n,1);pyuexco_1=zeros(n,1);
for i=1:n
    [hyuexco_1(i),pyuexco_1(i)] = kstest2(aaayuexco_1(i,:,3),aaayuexco_1(i,:,4),'Alpha',0.05);
end
%%
hyueyouxiao_1=zeros(n,1);pyueyouxiao_1=zeros(n,1);
for i=1:n
    [hyueyouxiao_1(i),pyueyouxiao_1(i)] =
        kstest2(aayueyouxiao_1(i,:,3),aayueyouxiao_1(i,:,4),'Alpha',0.05);
end
%%
hyuextb_1=zeros(n,1);pyuextb_1=zeros(n,1);
for i=1:n
    [hyuextb_1(i),pyuextb_1(i)] = kstest2(aaayuextb_1(i,:,3),aaayuextb_1(i,:,4),'Alpha',0.05);
end
%%
hyuejco_1=zeros(n,1);pyuejco_1=zeros(n,1);
for i=1:n
    [hyuejco_1(i),pyuejco_1(i)] = kstest2(aaayuejco_1(i,:,3),aaayuejco_1(i,:,4),'Alpha',0.05);
end
%%
hyuejtb_1=zeros(n,1);pyuejtb_1=zeros(n,1);
for i=1:n
    [hyuejtb_1(i),pyuejtb_1(i)] = kstest2(aaayuejtb_1(i,:,3),aaayuejtb_1(i,:,4),'Alpha',0.05);
end

%%%[h,p]=kstest2(aaafinaldata(:,1),aaafinaldata(:,3));
```

附录 F 5-1 最小二乘拟合

```
%拟合银行贷款年利率与客户贷款意愿关系的统计曲线
data3=xlsread('附件3: 银行贷款年利率与客户流失率关系的统计数据.xlsx');
x0=data3(:,1);y0=1-data3(:,2:end);
subplot(1,3,1);%画出散点图
plot(x0,y0(:,1),"*");
hold on
b1=polyfit(x0,y0(:,1),2);y1=polyval(b1,x0);plot(x0,y1,'-ro');
xlabel('年代款利率');ylabel('贷款意愿');
mse(y0(:,1),y1);cov(y0(:,1),y1);corrcoef(y0(:,1),y1)

subplot(1,3,2);
plot(x0,y0(:,2),"*");
hold on
b2=polyfit(x0,y0(:,2),2);y2=polyval(b2,x0);plot(x0,y2,'-ro');
xlabel('年代款利率');ylabel('贷款意愿');
mse(y0(:,2),y2);cov(y0(:,2),y2);corrcoef(y0(:,2),y2)

subplot(1,3,3);
plot(x0,y0(:,3),"*");
hold on
b3=polyfit(x0,y0(:,3),2);y3=polyval(b3,x0);plot(x0,y3,'-ro');
xlabel('年代款利率');ylabel('贷款意愿');
mse(y0(:,3),y3);cov(y0(:,3),y3);corrcoef(y0(:,3),y3)
```

附录 G 求解 Logistic 回归方程系数

```
%问题1: 此代码使用附件1中的数据求解Logistic回归方程系数
x=aaafinaldata(:,[1 2 3 5]);
x=[x PINGJI_1];
y=[WEIYUE_1 ones(123,1)];
fprintf("回归系数: ");
beda = glmfit(x, y, 'binomial', 'link', 'logit')
f=zeros(1,123);
for i=1:123
temp=exp(-beda(1)-beda(2)*x(i,1)-beda(3)*x(i,2)-beda(4)*x(i,3)-beda(5)*x(i,4)-beda(6,1)*x(i,5));
f(i)=1/(1+temp);
end
wy1=length(find(WEIYUE_1));
wy2=length(find(f>=0.5));
fprintf("违约企业数量: %d\n",wy2);
err=(wy1-wy2)/120;
fprintf("误差:%d\n",err);
```

附录 H 求解问题一最优信贷决策

```
%%问题1:此代码用于求解问题1中假设银行贷款总额为3000万元的前提下,
%求解最优信贷决策
data1_1=aaafinaldata_1(:,[1 2 3 5]);
x=[data1_1 PINGJI_1];s=120;P1=zeros(s,1);%存储违约概率
for i=1:s
    temp=exp(-beda(1)-beda(2)*x(i,1)-beda(3)*x(i,2)-...
    beda(4)*x(i,3)-beda(5)*x(i,4)-beda(6)*x(i,5));
    P1(i)=1/(1+temp);
end
P=P1;
a2_1=find(P1>=0.5);%选出为违约概率大于等于0.5的企业
a2_2=find(PINGJI_2==4);%选出信誉等级为D的企业
%将不满足条件的企业剔除掉
x(a2_1,5)=inf;x(a2_2,5)=inf;x2=x;
a2_3=find(x2(:,5)==inf);x2(a2_3,:)=[];
score=zeros(size(x2,1),1);%定义score数组
id_1=find(x2(:,5)==1);%赋分为1的数组
score(id_1)=1;
id_2=find(x2(:,5)==2);%赋分为3的数组
score(id_2)=3;
id_3=find(x2(:,5)==5);%赋分为5的数组
score(id_3)=5;
P1(a2_1)=-1;P1(a2_2)=-1;P1(find(P1==-1))=[];
rate=0.04+P1+0.11*score/5;%计算利率
rate(find(rate>0.15))=0.15;
%计算企业贷款意愿
id_a=find(x2(:,5)==1);%等级为a的企业数组
id_b=find(x2(:,5)==2);%等级为b的企业数组
id_c=find(x2(:,5)==3);%等级为c的企业数组
w=zeros(length(rate),1);%企业贷款意愿数组
w(id_a)=76.4101*rate(id_a).^2-21.9844*rate(id_a)+1.6971;
w(id_b)=67.9331*rate(id_b).^2-20.2072*rate(id_b)+1.6504;
w(id_c)=63.9422*rate(id_c).^2-19.5693*rate(id_c)+1.6393;
%生成判断企业是否会贷款的判断数组
id1=find(w<=0.5);
P3=P1;P3(id1)=[];x3=x2;
r1=rate;r1(id1)=[];x3(id1,:)=[];
c=(1-P3).*(1+r1);
A=ones(1,length(r1));b=3000;
lb=10*ones(length(r1),1);ub=100*ones(length(r1),1);
[X1,fval]=linprog(-c,A,b,[],[],lb,ub,10*ones(length(r1),1));
EX=X1.*(1+r1);
fprintf("贷款总额:");disp(sum(X1));
fprintf("期望获利: (单位: 万元)");disp(-fval-sum(X1));
```

附录 I　5-2 数据可视化

```
%画图
subplot(2,2,1);
x=1:120;y1=aaafinaldata_1(:,1);
plot(x,y1,'o');
ylabel('元');title('年均销售总额');
subplot(2,2,2);
x=1:120;y2=aaafinaldata_1(:,2);
plot(x,y2,'o');
ylabel('百分');title('近年销项总额增长率')
subplot(2,2,3);
x=1:120;y3=aaafinaldata_1(:,3);
plot(x,y3,'o');
ylabel('元');title('年均进项总额');
subplot(2,2,4);
plot(x,aaafinaldata_1(:,5),'o');
ylabel('百分');title('有效发票占比');
```

附录 J　第一次神经网络训练集设置

```
clc
clear a11
load('data.mat');
a=randperm(120);%120个企业打乱顺序
B=a(1:100);%随机选100个作为训练集
C=a(101:120);%其余20作为测试集
T_train=zeros(2,100);T_test=zeros(2,20);
p_train=zeros(5,100);p_test=zeros(5,20);
M=Create_2(a,PINGJI_1);
for i=1:100
    T_train(:,i)=M(:,B(i));
end
for i=1:20
    T_test(:,i)=M(:,C(i));
end
p=aaafinaldata_1';
for i=1:100
   p_train(:,i)=p(:,B(i));
end
for i=1:20
   p_test(:,i)=p(:,C(i));
end
```

附录 K　第二次神经网络训练集设置

```
Set=find(PINGJI_1==4);PINGJI_fin=PINGJI_1;PINGJI_fin([Set],:)=[];
p=aaafinaldata_1;finaldata=p;finaldata([Set],:)=[];a=randperm(96);%96个企业打乱顺序
B=a(1:80);%随机选80个作为训练集
C=a(81:96);%其余16作为测试集
T_train=zeros(2,80);T_test=zeros(2,16);
p_train=zeros(5,80);p_test=zeros(5,16);M=Create_3(a,PINGJI_fin);
for i=1:80
    T_train(:,i)=M(:,B(i));
end
for i=1:16
    T_test(:,i)=M(:,C(i));
end
p=finaldata';
for i=1:80
  p_train(:,i)=p(:,B(i));
end
for i=1:16
  p_test(:,i)=p(:,C(i));
end
```

附录 L　第三次神经网络训练集设置

```
Set=find(PINGJI_1==3|PINGJI_1==4);PINGJI_fin2=PINGJI_1;PINGJI_fin2([Set],:)=[];
p=aaafinaldata_1;finaldata=p;finaldata([Set],:)=[];
a=randperm(64);%64个企业打乱顺序
B=a(1:50);%随机选50个作为训练集
C=a(51:64);%其余14作为测试集
T_train=zeros(2,50);T_test=zeros(2,14);
p_train=zeros(5,50);p_test=zeros(5,14);M=Create_3(a,PINGJI_fin);
for i=1:50
    T_train(:,i)=M(:,B(i));
end
for i=1:14
    T_test(:,i)=M(:,C(i));
end
p=finaldata';
for i=1:50
  p_train(:,i)=p(:,B(i));
end
for i=1:14
  p_test(:,i)=p(:,C(i));
end
```

附录 M　输出附件二的信誉评级

```
%输出附件二评价
y1=myfunction_1(aaafinaldata_2');
y11=zeros(2,302);
for i=1:302
    [max_a,index]=max(y1(:,i));
    y11(index,i)=1;
end
Z=find(y11(2,:)==1);
PINGJI_2=zeros(302,1);
for i=1:21
PINGJI_2(Z(i))=4;
end
MARK=1:302;
finaldata_2=aaafinaldata_2;
finaldata_2([Z],:)=[];
MARK([Z])=[];
y2=myfunction_2(finaldata_2');
y22=zeros(2,281);
for i=1:281
    [max_a,index]=max(y2(:,i));
    y22(index,i)=1;
end
Z=find(y22(2,:)==1);
for i=1:44
    PINGJI_2(MARK(Z(i)))=3;
end
finaldata_2([Z],:)=[];
MARK([Z])=[];
y3=myfunction_3(finaldata_2');
y33=zeros(2,237);
for i=1:237
    [max_a,index]=max(y3(:,i));
    y33(index,i)=1;
end
Z=find(y33(2,:)==1);
for i=1:10
    PINGJI_2(MARK(Z(i)))=2;
end
Z=find(PINGJI_2==0);
for i=1:227
PINGJI_2(Z(i))=1;
end
```

附录 N　求解问题二最优信贷决策

```
%%问题2：此代码用于求解问题2的最优信贷决策
%求解302家企业的违约概率
data1=aaafinaldata_2(:,[1 2 3 5]);
x=[data1 PINGJI_2];s=302;
P2=zeros(s,1);%存储违约概率
for i=1:s
    temp=exp(-beda(1)-beda(2)*x(i,1)-beda(3)*x(i,2)-...
    beda(4)*x(i,3)-beda(5)*x(i,4)-beda(6)*x(i,5));
    P2(i)=1/(1+temp);
end
P=P2;
a2_1=find(P2>=0.5);%选出违约概率大于等于0.5的企业
a2_2=find(PINGJI_2==4);%选出信誉等级为D的企业
%将不满足条件的企业剔除掉
x(a2_1,5)=inf;x(a2_2,5)=inf;x2=x;a2_3=find(x2(:,5)==inf);x2(a2_3,:)=[];
score=zeros(size(x2,1),1);%定义score数组
id_1=find(x2(:,5)==1);%赋分为1的数组
score(id_1)=1;
id_2=find(x2(:,5)==3);%赋分为3的数组
score(id_2)=3;
id_3=find(x2(:,5)==5);%赋分为5的数组
score(id_3)=5;
P2(a2_1)=-1;P2(a2_2)=-1;P2(find(P2==-1))=[];
rate=0.04+P2+0.11*score/5;%计算利率
rate(find(rate>0.15))=0.15;
%计算企业贷款意愿
id_a=find(x2(:,5)==1);%等级为a的企业数组
id_b=find(x2(:,5)==2);%等级为b的企业数组
id_c=find(x2(:,5)==3);%等级为c的企业数组
w=zeros(length(rate),1);%企业贷款意愿数组
w(id_a)=76.4101*rate(id_a).^2-21.9844*rate(id_a)+1.6971;
w(id_b)=67.9331*rate(id_b).^2-20.2072*rate(id_b)+1.6504;
w(id_c)=63.9422*rate(id_c).^2-19.5693*rate(id_c)+1.6393;
%生成判断企业是否会贷款的判断数组
id1=find(w<=0.5);
P3=P2;P3(id1)=[];x3=x2;
r=rate;r(id1)=[];x3(id1,:)=[];
c=(1-P3).*(1+r);A=ones(1,length(r));b=10000;
lb=10*ones(length(r),1);
up=100*ones(length(r),1);
[X,fval]=linprog(-c,A,b,[],[],lb,up,10*ones(length(r),1));
EX=X.*(1+r);
fprintf("贷款总额:");disp(sum(X));
fprintf("期望获利：(单位：万元)");disp(-fval-sum(X));
```

附录 O 求解问题三最优调整信贷策略

```
dj=xlsread('附件2: 302家无信贷记录企业的相关数据2.xlsx');
dj=dj(:,4);
%求解302个企业的违约概率
%问题3: 此代码用于求解问题三的最优调整信贷策略
data1=aaafinaldata_2(:,[1 2 3 5]);
x=[data1 PINGJI_2];
s=302;
P2=zeros(s,1);%存储违约概率
for i=1:s
    temp=exp(-beda(1)-beda(2)*x(i,1)-beda(3)*x(i,2)-...
    beda(4)*x(i,3)-beda(5)*x(i,4)-beda(6)*x(i,5));
    P2(i)=1/(1+temp);
end
P=P2;
a2_1=find(P2>=0.7);%选出为违约概率大于等于0.5的企业
a2_2=find(PINGJI_2==4);%选出信誉等级为D的企业
%将不满足条件的企业剔除掉
dj(a2_1)=inf;
dj(a2_2)=inf;
x(a2_1,5)=inf;
x(a2_2,5)=inf;
x2=x;
a2_3=find(x2(:,5)==inf);
x2(a2_3,:)=[];
dj(a2_3)=[];
score=zeros(size(x2,1),1);%定义score数组
id_1=find(x2(:,5)==1);%赋分为1的数组
score(id_1)=1;
id_2=find(x2(:,5)==2);%赋分为3的数组
score(id_2)=3;
id_3=find(x2(:,5)==5);%赋分为5的数组
score(id_3)=5;
P2(a2_1)=-1;
P2(a2_2)=-1;
P2(find(P2==-1))=[];
rate=0.04+P2+0.11*score/5;%计算利率
rate(find(rate>0.15))=0.15;
rate_0=rate;
for i=1:length(dj)%计算新的利率
    rate(i)=rate_0(i)+(0.15-rate_0(i))*dj(i)/28;
end

%计算企业贷款意愿
id_a=find(x2(:,5)==1);%等级为a的企业数组
```

```
id_b=find(x2(:,5)==2);%等级为b的企业数组
id_c=find(x2(:,5)==3);%等级为c的企业数组
w=zeros(length(rate),1);%企业贷款意愿数组
w(id_a)=76.4101*rate(id_a).^2-21.9844*rate(id_a)+1.6971;
w(id_b)=67.9331*rate(id_b).^2-20.2072*rate(id_b)+1.6504;
w(id_c)=63.9422*rate(id_c).^2-19.5693*rate(id_c)+1.6393;
%生成判断企业是否会贷款的判断数组
id1=find(w<=0.5);
P3=P2;
P3(id1)=[];
x3=x2;
r=rate;
r(id1)=[];
x3(id1,:)=[];
c=(1-P3).*(1+r);
A=ones(1,length(r));
b=10000;
lb=10*ones(length(r),1);
up=100*ones(length(r),1);
[X,fval]=linprog(-c,A,b,[],[],lb,up,10*ones(length(r),1));
EX=X.*(1+r);
fprintf("贷款总额:(单位:万元)");
disp(sum(X));
fprintf("期望获利:(单位:万元)");
alpha=0.85;%银行利率折扣率
Total=-fval-sum(X);
disp(Total*alpha);
```

2　2020 高教社杯全国大学生数学建模竞赛题目 C 题"中小微企业的信贷决策"

在实际中,由于中小微企业规模相对较小,也缺少抵押资产,因此银行通常是依据信贷政策、企业的交易票据信息和上下游企业的影响力,向实力强、供求关系稳定的企业提供贷款,并可以对信誉高、信贷风险小的企业给予利率优惠。银行首先根据中小微企业的实力、信誉对其信贷风险做出评估,然后依据信贷风险等因素来确定是否放贷及贷款额度、利率和期限等信贷策略。

某银行对确定要放贷企业的贷款额度为 10 万～100 万元;年利率为 4%～15%;贷款期限为 1 年。附件 1～3 分别给出了 123 家有信贷记录企业的相关数据、302 家无信贷记录企业的相关数据和贷款利率与客户流失率关系的2019 年统计数据。该银行请你们团队根据实际和附件中的数据信息,通过建立数学模型研究对中小微企业的信贷策略,主要解决下列问题:

(1) 对附件 1 中 123 家企业的信贷风险进行量化分析,给出该银行在年度信贷总额固定时对这些企业的信贷策略。

(2) 在问题 1 的基础上,对附件 2 中 302 家企业的信贷风险进行量化分析,并给出该银行在年度信贷总额为 1 亿元时对这些企业的信贷策略。

(3) 企业的生产经营和经济效益可能会受到一些突发因素影响,而且突发因素往往对不同行业、不同类别的企业会有不同的影响。综合考虑附件 2 中各企业的信贷风险和可能的突发因素(例如:新冠病毒疫情)对各企业的影响,给出该银行在年度信贷总额为 1 亿元时的信贷调整策略。

附件 1　123 家有信贷记录企业的相关数据

附件 2　302 家无信贷记录企业的相关数据

附件 3　银行贷款年利率与客户流失率关系的 2019 年统计数据

附件中数据说明:

(1) 进项发票:企业进货(购买产品)时销售方为其开具的发票。

(2) 销项发票:企业销售产品时为购货方开具的发票。

(3) 有效发票:为正常的交易活动开具的发票。

(4) 作废发票:在为交易活动开具发票后,因故取消了该项交易,使发票作废。

(5) 负数发票:在为交易活动开具发票后,企业已入账记税,之后购方因故发生退货并退款,此时,需开具的负数发票。

（6）信誉评级：银行内部根据企业的实际情况人工评定的，银行对信誉评级为 D 的企业原则上不予放贷。

（7）客户流失率：因为贷款利率等因素银行失去潜在客户的比率。

附件 1：

企业代号	企业名称	信誉评级	是否违约
E1	＊＊＊电器销售有限公司	A	否
E2	＊＊＊技术有限责任公司	A	否
E3	＊＊＊电子(中国)有限公司＊＊＊分公司	C	否
E4	＊＊＊发展有限责任公司	C	否
E5	＊＊＊供应链管理有限公司	B	否
E6	＊＊＊装饰设计工程有限公司	A	否
E7	＊＊＊家电有限公司＊＊＊分公司	A	否
E8	＊＊＊科学研究院有限公司	A	否
E9	＊＊＊生活用品服务有限公司＊＊＊分公司	A	否
E10	＊＊＊建筑劳务有限公司	B	否
E11	＊＊＊建设工程有限公司	C	否
E12	＊＊＊建筑劳务有限公司	B	否
E13	＊＊＊汽车贸易有限公司	A	否
E14	个体经营 E14	C	否
E15	＊＊＊劳务有限公司	A	否
E16	＊＊＊建筑劳务有限公司	A	否
E17	＊＊＊消防工程有限公司	A	否
E18	＊＊＊消防工程有限责任公司	A	否
E19	＊＊＊科技有限公司	A	否
E20	＊＊＊贸易有限公司	B	否
E21	＊＊＊建设工程有限公司	B	否
E22	＊＊＊物流有限公司	A	否
E23	＊＊＊贸易有限公司	B	否
E24	＊＊＊建筑工程有限公司	A	否
E25	＊＊＊通讯设备有限公司	C	否

E26	＊＊＊金属材料有限公司	A	否
E27	＊＊＊农业开发有限公司	A	否
E28	＊＊＊景观工程有限公司	B	否
E29	＊＊＊建筑劳务有限公司	C	是
E30	＊＊＊建筑工程有限公司	B	否
E31	＊＊＊食品有限公司	A	否
E32	＊＊＊建筑劳务有限公司	B	否
E33	＊＊＊园林有限责任公司	B	否
E34	＊＊＊建设工程有限公司	B	否
E35	＊＊＊商贸有限公司	B	否
E36	＊＊＊超硬材料有限公司	D	是
E37	＊＊＊木业有限公司	B	否
E38	＊＊＊建设工程有限公司	B	否
E39	＊＊＊建筑劳务有限公司	C	否
E40	＊＊＊财税咨询服务有限公司	C	否
E41	＊＊＊物业发展有限公司	C	否
E42	＊＊＊园艺场	A	否
E43	＊＊＊建设工程有限公司	B	否
E44	＊＊＊商贸有限公司	C	否
E45	个体经营 E45	B	是
E46	＊＊＊广告传媒有限公司	C	否
E47	＊＊＊控制设备有限责任公司	C	否
E48	＊＊＊化工有限公司	A	否
E49	＊＊＊地球环保科技有限公司	C	否
E50	＊＊＊建筑劳务有限公司	C	否
E51	＊＊＊物流有限公司	B	否
E52	＊＊＊商贸有限公司	D	是
E53	＊＊＊文化传媒有限公司	C	否
E54	＊＊＊新技术开发有限公司	A	否
E55	＊＊＊集团有限公司＊＊＊电力设备分公司	C	否

E56	＊＊＊家居材料＊＊＊有限公司	C	否
E57	＊＊＊机械设备有限公司	B	否
E58	＊＊＊油气工程建设有限责任公司	B	否
E59	＊＊＊商贸有限公司	A	否
E60	＊＊＊机械租赁有限公司	B	否
E61	＊＊＊调味品有限公司	B	否
E62	＊＊＊工程造价咨询有限公司＊＊＊分公司	B	否
E63	＊＊＊科技有限公司	B	否
E64	＊＊＊图书有限责任公司	A	否
E65	＊＊＊商贸有限公司	B	否
E66	＊＊＊快递有限公司	B	否
E67	＊＊＊信息技术有限公司	B	否
E68	＊＊＊花木总公司	C	否
E69	＊＊＊电子器材经营部	C	否
E70	＊＊＊科技有限公司	B	否
E71	＊＊＊农业科技有限公司	B	否
E72	＊＊＊图书有限公司	C	否
E73	＊＊＊商贸有限责任公司	C	否
E74	＊＊＊蔬菜专业合作社	B	否
E75	＊＊＊酒店管理有限公司	C	否
E76	＊＊＊信息科技有限公司	B	否
E77	＊＊＊机电设备有限公司	C	否
E78	个体经营 E78	C	否
E79	＊＊＊鞋业有限公司	B	否
E80	＊＊＊实业有限责任公司	C	否
E81	＊＊＊机械设备有限公司	A	否
E82	＊＊＊商贸有限公司	D	是
E83	＊＊＊社会福利院(＊＊＊社会福利社会化服务中心)	B	否
E84	＊＊＊建材有限公司	A	否

E85	＊＊＊安防科技有限公司	B	否
E86	＊＊＊地质工程勘察院＊＊＊分院	C	否
E87	＊＊＊实业有限责任公司	C	是
E88	＊＊＊贸易有限公司	A	否
E89	＊＊＊物资有限公司	A	否
E90	＊＊＊文化传媒有限责任公司	C	否
E91	＊＊＊科技实业有限公司	A	否
E92	＊＊＊地质灾害防治有限公司	C	否
E93	＊＊＊电脑设计事务所	B	否
E94	＊＊＊汽车美容有限公司	C	否
E95	＊＊＊兰花店	B	否
E96	＊＊＊土地整理有限公司	C	否
E97	＊＊＊美工装饰部	B	否
E98	＊＊＊文化传播有限公司	B	否
E99	＊＊＊建筑工程有限责任公司	D	是
E100	＊＊＊装饰工程有限公司	D	是
E101	＊＊＊灯饰工程有限公司	D	是
E102	＊＊＊大药房有限责任公司	D	是
E103	＊＊＊科技有限公司	D	是
E104	＊＊＊管理咨询有限责任公司	C	否
E105	＊＊＊建材经营部	C	否
E106	＊＊＊财务管理有限公司	B	否
E107	＊＊＊科技有限公司	D	是
E108	＊＊＊商贸有限公司	D	是
E109	＊＊＊服饰有限公司	D	是
E110	＊＊＊通讯器材经营部	C	否
E111	＊＊＊科技有限公司	D	是
E112	＊＊＊机械设备有限公司	D	是

E113	＊＊＊美居科技有限公司	D	是
E114	＊＊＊食品有限责任公司	D	是
E115	＊＊＊装饰工程有限公司	D	是
E116	＊＊＊门窗有限公司	D	是
E117	＊＊＊人力资源管理咨询有限公司	D	是
E118	＊＊＊体育用品有限公司	D	是
E119	＊＊＊药房	D	是
E120	＊＊＊陈列广告有限公司	D	是
E121	＊＊＊药业连锁有限公司＊＊＊药店	D	是
E122	＊＊＊商贸有限责任公司	D	是
E123	＊＊＊创科技有限责任公司	D	是

附件 2：

企业代号	企业名称	信誉评级	是否违约
E124	个体经营 E124		
E125	个体经营 E125		
E126	个体经营 E126		
E127	个体经营 E127		
E128	个体经营 E128		
E129	个体经营 E129		
E130	个体经营 E130		
E131	个体经营 E131		
E132	个体经营 E132		
E133	个体经营 E133		
E134	＊＊＊工程咨询有限公司		
E135	＊＊＊建设工程有限公司		
E136	＊＊＊机械有限责任公司		
E137	＊＊＊建设工程有限公司		

E138　　个体经营 E138

E139　　个体经营 E139

E140　　＊＊＊建筑工程有限公司

E141　　＊＊＊食品有限公司

E142　　＊＊＊运业有限公司

E143　　＊＊＊电子科技有限公司

E144　　＊＊＊劳务有限公司

E145　　＊＊＊工贸有限公司

E146　　＊＊＊基础建设工程有限公司

E147　　＊＊＊装饰工程有限责任公司

E148　　＊＊＊商贸有限公司

E149　　＊＊＊建筑劳务有限公司

E150　　＊＊＊建设工程有限公司

E151　　＊＊＊路桥工程有限公司

E152　　＊＊＊运贸有限责任公司

E153　　个体经营 E153

E154　　＊＊＊汽车销售服务有限公司

E155　　个体经营 E155

E156　　个体经营 E156

E157　　＊＊＊环境设备工程有限公司

E158　　＊＊＊装饰工程有限公司

E159　　个体经营 E159

E160　　＊＊＊钢结构工程有限公司

E161　　＊＊＊建筑劳务有限责任公司

E162　　＊＊＊网络信息安全有限公司

E163　　＊＊＊物流有限公司

E164　　个体经营 E164

E165　　＊＊＊文化传媒股份有限公司

E166　　＊＊＊建筑工程有限公司

E167　　＊＊＊体育文化股份有限公司

E168	＊＊＊建材有限公司
E169	＊＊＊建筑设计有限公司
E170	＊＊＊建筑劳务有限公司
E171	＊＊＊质量检验测试站
E172	＊＊＊物流有限公司
E173	＊＊＊贸易有限责任公司
E174	＊＊＊工程技术有限公司
E175	＊＊＊食品集团有限公司
E176	＊＊＊科技有限公司
E177	＊＊＊电力工程有限公司
E178	＊＊＊贸易有限公司
E179	＊＊＊园林有限公司
E180	＊＊＊电气有限公司
E181	＊＊＊食品有限公司
E182	＊＊＊新材料科技有限公司
E183	＊＊＊建设工程有限公司
E184	＊＊＊建筑装饰工程有限公司
E185	＊＊＊生态魔芋有限公司
E186	＊＊＊建筑劳务有限公司
E187	个体经营 E187
E188	＊＊＊硬质合金有限公司
E189	＊＊＊石油工程技术服务有限公司
E190	＊＊＊劳务有限公司
E191	＊＊＊商贸有限责任公司
E192	＊＊＊建设工程有限公司
E193	个体经营 E193
E194	＊＊＊文化传播有限公司
E195	＊＊＊医药有限公司
E196	＊＊＊地质制图印刷厂
E197	＊＊＊医疗设备有限公司

E198　　＊＊商贸有限公司

E199　　＊＊＊建筑劳务有限公司

E200　　个体经营 E200

E201　　＊＊＊物流有限责任公司

E202　　个体经营 E202

E203　　＊＊＊建设工程有限公司

E204　　＊＊＊科技发展有限公司

E205　　个体经营 E205

E206　　＊＊＊建设工程有限公司

E207　　个体经营 E207

E208　　个体经营 E208

E209　　＊＊＊工程检测有限公司

E210　　＊＊＊建筑工程有限公司

E211　　个体经营 E211

E212　　＊＊＊建电管理咨询有限公司

E213　　＊＊＊科技有限公司

E214　　＊＊＊建筑工程有限公司

E215　　＊＊＊建筑工程有限公司

E216　　＊＊＊建设工程有限公司

E217　　个体经营 E217

E218　　＊＊＊建设工程有限公司

E219　　＊＊＊品牌营销策划有限公司

E220　　＊＊＊文化传播有限公司

E221　　＊＊＊测绘服务有限公司

E222　　＊＊＊数码科技有限公司

E223　　＊＊＊科技有限公司

E224　　＊＊＊纸业有限公司

E225　　＊＊＊物业服务有限责任公司＊＊＊分公司

E226　　＊＊＊建设工程有限公司

E227　　＊＊＊安全技术有限公司

E228	＊＊＊文化发展有限公司
E229	＊＊＊家贸易有限公司
E230	＊＊＊建筑劳务有限公司
E231	＊＊＊建筑科技有限公司
E232	＊＊＊投资发展有限责任公司
E233	＊＊＊劳务有限公司
E234	＊＊＊机电设备商贸有限公司
E235	个体经营 E235
E236	个体经营 E236
E237	个体经营 E237
E238	个体经营 E238
E239	个体经营 E239
E240	个体经营 E240
E241	个体经营 E241
E242	个体经营 E242
E243	＊＊＊科技有限公司
E244	个体经营 E244
E245	＊＊＊建筑劳务有限公司
E246	＊＊＊物业服务有限公司
E247	＊＊＊石化有限公司
E248	＊＊＊智能科技有限公司
E249	＊＊＊建筑工程有限公司
E250	＊＊＊塑料厂
E251	＊＊＊医疗器械有限责任公司
E252	＊＊＊印务有限公司
E253	＊＊＊钢结构工程有限公司
E254	＊＊＊设备安装工程有限公司
E255	个体经营 E255
E256	＊＊＊物资有限公司
E257	＊＊＊门窗安装有限公司

E258　＊＊＊国际货运有限公司

E259　＊＊文化传媒有限公司

E260　＊＊＊广告有限公司

E261　＊＊医疗器械有限公司

E262　个体经营 E262

E263　＊＊＊通信工程有限公司

E264　个体经营 E264

E265　＊＊＊净化工程有限公司

E266　＊＊＊煤矿机械有限公司

E267　＊＊＊林园艺场

E268　＊＊＊建筑劳务有限公司

E269　＊＊＊节能服务有限公司

E270　个体经营 E270

E271　＊＊＊科技有限公司

E272　个体经营 E272

E273　个体经营 E273

E274　＊＊＊建筑劳务有限公司

E275　＊＊＊网络工程有限公司

E276　＊＊＊体育设施工程有限公司

E277　＊＊＊消防设备制造有限公司

E278　＊＊＊贸易有限公司

E279　＊＊＊环保包装有限公司

E280　个体经营 E280

E281　＊＊＊商业管理有限责任公司

E282　＊＊＊影城有限公司＊＊＊分公司

E283　＊＊＊机械铸造有限责任公司

E284　＊＊＊成焊科技有限公司

E285　个体经营 E285

E286　＊＊＊印务有限公司

E287　＊＊＊鞋材有限公司

E288　　　个体经营 E288

E289　　　＊＊＊运业有限公司＊＊＊分公司

E290　　　＊＊＊机电有限公司

E291　　　＊＊＊文业建设工程有限公司

E292　　　＊＊＊物流有限公司

E293　　　＊＊＊物资有限公司

E294　　　个体经营 E294

E295　　　＊＊＊电器设备制造有限公司

E296　　　＊＊＊装饰设计工程有限公司

E297　　　＊＊＊建筑机械租赁有限公司

E298　　　＊＊＊电器维护服务有限公司

E299　　　＊＊＊压缩天然气有限责任公司

E300　　　＊＊＊建设工程有限公司

E301　　　＊＊＊企业管理咨询有限公司

E302　　　＊＊＊机电设备有限公司

E303　　　＊＊＊图书发行有限公司

E304　　　＊＊＊环保科技有限公司

E305　　　＊＊＊劳务有限公司

E306　　　个体经营 E306

E307　　　＊＊＊通信工程有限公司

E308　　　＊＊＊餐饮文化服务有限公司

E309　　　个体经营 E309

E310　　　＊＊＊律师事务所

E311　　　＊＊＊律师事务所

E312　　　＊＊＊家居用品有限公司

E313　　　＊＊＊物流有限公司

E314　　　＊＊＊房地产营销策划有限公司

E315　　　＊＊＊轮胎有限公司

E316　　　个体经营 E316

E317　　　＊＊＊科技有限公司

E318　＊＊＊商贸有限公司

E319　个体经营 E319

E320　＊＊＊建筑设计有限公司

E321　＊＊＊生物流有限公司

E322　＊＊＊装饰工程设计有限公司

E323　＊＊＊建筑装饰工程有限公司

E324　＊＊＊汽贸有限公司

E325　＊＊＊通讯器材有限公司

E326　＊＊＊包装材料有限公司

E327　个体经营 E327

E328　＊＊＊科技有限公司

E329　＊＊＊园艺有限责任公司

E330　＊＊＊酒店管理有限公司

E331　＊＊＊广告有限公司

E332　＊＊＊商贸有限公司

E333　＊＊＊房地产营销策划有限公司

E334　＊＊＊机械科技有限公司

E335　＊＊＊挖掘机租赁经营部

E336　＊＊＊猕猴桃专业合作社

E337　个体经营 E337

E338　＊＊＊商贸有限公司

E339　＊＊＊居益卫浴家俬厂

E340　＊＊＊物流有限公司

E341　＊＊＊纺织品有限公司

E342　＊＊＊裕华机械厂

E343　＊＊＊五金工具经营部

E344　＊＊＊机械有限公司

E345　＊＊＊科技有限公司

E346　个体经营 E346

E347　＊＊＊不锈钢材料有限公司

E348	＊＊＊酒店管理有限公司
E349	＊＊＊营销策划广告有限公司
E350	＊＊＊演艺设备有限公司
E351	＊＊＊文化传播有限公司
E352	＊＊＊居装饰工程有限公司
E353	＊＊＊税务师事务所有限公司
E354	＊＊＊广告有限公司
E355	＊＊＊地毯经营部
E356	＊＊＊建材装饰部
E357	＊＊＊家居经营部
E358	＊＊＊五金经营部
E359	＊＊＊厨房用品经营部
E360	＊＊＊建筑劳务有限公司
E361	＊＊＊勘察设计工程有限公司
E362	＊＊＊建材有限公司
E363	＊＊＊建筑工程设计有限公司
E364	＊＊＊电子有限公司
E365	＊＊＊信息技术有限公司
E366	＊＊＊房地产经纪有限公司
E367	＊＊＊电子商务有限公司
E368	＊＊＊通信科技有限责任公司
E369	＊＊＊网络技术有限公司
E370	＊＊＊设计服务部
E371	＊＊＊自动化科技有限公司
E372	＊＊＊汽车维修有限责任公司
E373	个体经营 E373
E374	＊＊＊建材经营部
E375	＊＊＊电器经营部
E376	＊＊＊建筑装饰设计有限责任公司
E377	＊＊＊文化传播有限公司

E378　＊＊＊商贸有限公司

E379　＊＊＊药业有限公司

E380　＊＊＊建材有限公司

E381　＊＊＊通信网络工程有限公司

E382　＊＊＊教育信息咨询有限公司＊＊＊分公司

E383　＊＊＊通讯器材经营部

E384　个体经营 E384

E385　＊＊＊装饰工程有限公司

E386　个体经营 E386

E387　＊＊＊农副产品经营部

E388　＊＊＊商贸有限公司

E389　＊＊＊清洁服务有限公司

E390　＊＊＊建筑工程有限公司

E391　＊＊＊五金店

E392　＊＊＊科技有限公司

E393　＊＊＊商贸有限责任公司

E394　＊＊＊环保设计研究院(有限合伙)

E395　＊＊＊网络科技有限公司

E396　＊＊＊文化传播有限公司

E397　＊＊＊大闸蟹经营部

E398　＊＊＊医疗管理咨询有限公司

E399　＊＊＊装饰工程有限公司

E400　＊＊＊办公用品经营部

E401　＊＊＊遮阳技术发展中心

E402　＊＊＊商贸有限公司

E403　＊＊＊机械有限公司

E404　个体经营 E404

E405　＊＊＊职业技能服务有限公司

E406　＊＊＊招投标代理有限公司

E407　＊＊＊装饰工程有限公司

E408 　＊＊＊空调制冷有限责任公司

E409 　＊＊＊塑胶有限公司

E410 　＊＊＊网络科技有限公司

E411 　＊＊＊机电设备有限公司

E412 　＊＊＊汽车贸易有限公司

E413 　＊＊＊石材工艺品有限公司

E414 　＊＊＊物流有限责任公司＊＊＊分公司

E415 　＊＊＊广告设计服务部

E416 　＊＊＊科技有限公司

E417 　＊＊＊园林景观工程有限公司

E418 　＊＊＊营销策划有限公司

E419 　＊＊＊科技有限公司

E420 　＊＊＊康药房

E421 　＊＊＊保温材料有限公司

E422 　＊＊＊童装店

E423 　＊＊＊通风设备有限公司

E424 　＊＊＊贸易有限公司

E425 　＊＊＊商贸有限公司

附件3：

贷款年利率	客户流失率		
	信誉评级 A	信誉评级 B	信誉评级 C
0.04	0	0	0
0.0425	0.094574126	0.066799583	0.068725306
0.0465	0.135727183	0.13505206	0.122099029
0.0505	0.224603354	0.20658008	0.181252146
0.0545	0.302038102	0.276812293	0.263302863
0.0585	0.347315668	0.302883401	0.290189098
0.0625	0.41347177	0.370215852	0.34971559

贷款年利率	客户流失率		
	信誉评级 A	信誉评级 B	信誉评级 C
0.0665	0.447890973	0.406296668	0.390771683
0.0705	0.497634453	0.458295295	0.45723807
0.0745	0.511096612	0.508718692	0.492660433
0.0785	0.573393087	0.544408837	0.513660239
0.0825	0.609492115	0.548493958	0.530248706
0.0865	0.652944774	0.588765696	0.587762408
0.0905	0.667541843	0.625764576	0.590097045
0.0945	0.694779921	0.635605146	0.642993656
0.0985	0.708302023	0.673527424	0.658839416
0.1025	0.731275401	0.696925431	0.696870573
0.1065	0.775091405	0.705315993	0.719103552
0.1105	0.798227368	0.742936326	0.711101237
0.1145	0.790527266	0.776400729	0.750627656
0.1185	0.815196986	0.762022595	0.776816043
0.1225	0.814421029	0.791503697	0.784480512
0.1265	0.854811097	0.814998933	0.795566274
0.1305	0.870317343	0.822297861	0.820051434
0.1345	0.871428085	0.835301602	0.832288422
0.1385	0.885925945	0.845747745	0.844089875
0.1425	0.874434682	0.842070844	0.836974326
0.1465	0.902725909	0.868159536	0.872558957
0.15	0.922060687	0.885864919	0.895164739

参考文献

[1] 陈光亭,裘哲勇.数学建模.北京:高等教育出版社,2010.

[2] Giordan F R,Weir M D,Fox W P.数学建模.3 版.叶其孝,姜启源,译.北京:机械工业出版社,2005.

[3] 黄忠裕.初等数学建模.成都:四川大学出版社,2014.

[4] 姜启源.数学模型.2 版.北京:高等教育出版社,1993.

[5] 刘红良,李成福.数学模型与建模算法.北京:科学出版社,2016.

[6] 林峰,张秀兰.数学建模与实验.2 版.北京:化学工业出版社,2016.

[7] 仇东东.图最小覆盖算法在城市电子眼布点中的应用.公路工程,2009,34(1):42-45.

[8] 司守奎,孙兆亮.数学建模算法与应用.2 版.北京:国防工业出版社,2017.

[9] 王式安,等.数理统计方法及应用模型.北京:北京科学技术出版社,1992.

[10] 杨启帆,边馥萍.数学模型.杭州:浙江大学出版社,1990.

[11] 张丽雅,熊振兴.关于图的最小覆盖算法.大学数学,2003,19(4):81-84.

[12] 朱建新.汽轮发电机定子端部线棒坐标及法向的数学模型.高校应用数学学报,1990,5(2):285-291.